KB083289

사람책이 들려주는
밥이 되는 건강·식품 이야기

사람책이 들려주는

밥이 되는
건강·식품
이야기

신요셉 지음

우리두리

서문

/

서점에 가 보면 건강서적과 식품서적이 수두룩하다. 갈수록 건강 분야에 대한 사람들의 관심이 지대해져서 각각의 코너 공간을 차지한 지가 오래다. 건강 코너에는 의학 약학 질병학 등의 전문서적이 빼곡하고, 식품 코너 역시 식품학 영양학 요리법 등의 신간서적이 하루가 멀다 하고 쏟아져 나온다.

자연과학 범주에 속하는 건강·식품 분야는 상당한 지식과 연구 경험을 바탕으로 전문적인 숙련과 식견을 겸비해야만 저술이 가능할 것이라는 판단 때문에 일반인들에겐 일종의 성역이나 진배없다. 그저 독자의 입장에서 저들의 글을 읽고 이해하려 애쓸 뿐이다. 상경계열 출신인 나로서도 똑 같은 입장이었다.

그런데 이들 전문가들이 쓴 책들이 읽기에는 그리 호락호락하지 않다는 게 문제라면 문제다. 어려운 전문용어와 고답적인 표현이 비전문가들의 눈엔 마치 암호를 해독해야 하는 난문(難文) 쯤으로 다

가온다. 그러다보니 이런 류의 전문서적들을 대하
기가 우선 겁이 나는 게 사실이다.

　다행히 나는 오랜 기간 제약 마케팅 일을 업으로
삼아왔고, 10여 년 전 온라인 식품장터를 개설하면
서 꾸준히 식품 공부도 해 온 덕분에 서당개 삼년에
풍월을 읊는 기본 수준에는 도달해 있다. 더욱이 내
가 사는 경기도 군포시에서 나를 찾는 열람자들에
게 지식을 전파하는 사람책(Human Library; 책 읽어주는 재능기
부) 활동을 하다 보니 요점을 파악하는 잔재주도 좀
늘었다. 겁 없이 식품 관련 서적도 몇 권 펴내다보
니, 독자 누구나가 읽기 편한 건강 · 식품 서적을 언
젠가는 펴내 봐야겠다는 욕심을 가져보게 되었다.
이 책이 바로 그런 심경을 담은 책이다. 내용 구성
은 전문가들의 책을 다양하게 읽은 후, 좀 더 이해하
기 쉽게 각색하는 방식을 택했다. 원래의 뿌리는 그
대로 두되 잎의 빛깔을 더욱 선명하게 덧칠했다고
나 할까.

이미 밝힌 대로 나는 건강분야 전문가도, 식품 영양학자도 아니다. 그런 만큼 전문가들의 내공을 존중한다. 그들의 강연에도 틈틈이 참가하고 궁금한 점들은 그들이 쓴 책을 통해 배우기를 게을리 하지 않는다. 그리고 유익한 내용들은 기록해 둔다. 혹자의 말대로 '손으로 하는 독서(Hand-written Reading)'를 즐기고 있다. 그렇게 메모하고 정리했던 글들을 한데 모아 한 권의 책으로 엮어 보았다. 내가 알게 된 내용들이 전문가들에겐 상식 수준의 글일지라도, 모르는 이들에게는 보약이 되고 밥이 된다는 생각에 책 제목도 〈밥이 되는 건강·식품 이야기〉라 정해 보았다.

책 내용은 크게 제1부 건강 이야기, 제2부 식품 이야기, 제3부 식품관련 상식으로 꾸몄다. 평소 상식(Common-sense)으로 받아들였던 잘못된 건강·식품에 대한 진실성 여부를 가려보는 대신, 나름대로 일리 있는 비상식의 근거를 두둔하는 대목도 적지 않다. 지나친 상업주의가 낳은 거짓과 위선을 고발하고 올바른 선택의 정당성을 일깨워주려 노력하였다. 인간은 잡식동물이라서 음식에 대한 선택의 폭이 매우 넓은 편이다. 본문 중 정재훈 약사의 표현대로 '건강한 식탁은 과잉과 결핍 사이에 있다.' 마이클 폴란의 명저 〈잡식동물의 딜레마〉도 인간들 스스로가 행해야 할 '선택'에 대한 고민일 것이다. 영양면역학의 창시자인 첸 박사의 말대로 식품과잉시대에는 오히려 마이너하다고 여겼던 '미량영양소'가 더 절실한지도 모른다.

갈수록 상식이 왜곡되는 경향이 있다. 음식이나 식품도 거대자본과 정치적 목적에 휘둘리는 세태가 안타깝다. 문제는 이런 왜곡현상이 심각한 후유증과 각종 병폐를 초래할 수 있다는 점이다. 기본적으로 우리 자신은 물론 후대에까지 건강을 해치고 환경도 파괴되는 악영향이 이어진다. 나아가서는 지역간 국가간 갈등도 초래된다. 단순히 먹는 문제만으로 그치는 게 아닌 것이다. 따라서 보통 사람들도 전문가 수준의 안목과 지식은 아닐지라도 옳고 그

름을 헤아릴 수 있을 정도의 건강 · 식품 상식을 갖
추는 게 마땅하다. "깊이 파려거든 넓게 파기 시작
하라!" 권오길 교수의 제언이 가슴에 와 닿는 건 비
단 나뿐만이 아닐 것이다.

내가 들려주려 하는 건강과 식품에 대한 이야기
는, 같은 독자의 입장에서 독자 여러분의 눈높이와
맥을 같이 하려 노력했음을 다시 한 번 강조한다.
내가 알 정도의 상식이 여러분에겐 비상식으로 비
치지는 않을 거라는 판단에서다. 부디 동일한 눈높
이만큼이나 읽는 재미와 유익함도 여러분에게 고스
란히 전해지길 바란다. 이 글을 읽는 모든 이의 건
강을 기원한다.

역삼동 사무실에서 지은이 신요섭

봄이다. 개구리는 겨울잠에서 깨어나고 나무는 꽃망울을 피운다. 그 야말로 세상 모든 동식물들이 제각각의 생명 현상에 여념이 없다. 하지만 우리가 손쉽게 말하는 『생명(生命)』이란 정의는 그리 단순하지 않다. 국어사전에는 "동물과 식물의, 생물로서 살아 있게 하는 힘"이라 간단히 기술되어 있지만 지금까지 내려진 생명에 관한 정의들을 종합해보면, 유기물질을 바탕으로 구성된 생체유기물질(生體有機物質)의 생성, 단세포로부터 시작되는 성장·구성·조절성·자극반응성·물질대사·증식 등 다양한 요소들의 조합이랄 수 있다.

F.엥겔스는 "생명이란 단백질의 존재양식"이라고 말하며, 물질대사를 생명현상의 근간으로 삼았다. 이 정의는 생물체내에서 일어나는 모든 물질대사는 효소라는 단백질이 주체가 됨을 암시하는 것이었다. 1940년대에 이르러 핵산(核酸)의 중요성이 부각되면서 단백질 또는 물

질대사만으로 생명을 정의하는 게 불충분하다는 의견이 불거졌다. 핵산 중에서도 DNA는 유전자의 본체이고 증식의 기초가 되는 물질이므로, 물질대사보다는 오히려 증식이 생명의 기본적 특성이라고도 볼 수 있게 된 것이다.

생명에 대한 정의를 다소 장황하게 설명한 이유는 '생명이 곧 건강의 흔적'이기 때문이다. 건강이 보장되지 않은 생명체는 머지않아 생명력을 잃고 만다. 따라서 건강한 생명체를 유지하기 위해서는 '생존본능'을 소홀히 할 수 없다. 인간이 삼시 세끼를 꼬박꼬박 챙기는 이유는 생존에 필요한 영양소를 충분히 섭취하기 위함이다. 영양(營養)이란 뜻은 '생물이 살아가는 데 필요한 에너지와 몸을 구성하는 성분을 외부에서 섭취하여 소화, 흡수, 순환, 호흡, 배설을 하는 일련의 과정'이다. 따라서 탄수화물·지방·단백질 3가지 기본영양소 외에 비타민·미네랄·식이섬유 등 미량영양소도 골고루 섭취해야 한다. 다시 말해 '균형 잡힌 식사'를 해야 한다는 말이다.

이 책은 균형 잡힌, 건강한 식탁을 위한 건강·식품 안내서이다. 기본적으로 알아야 할 인체 상식도 언급하고 있다. 1장에서 인체의 숨겨진 비밀, 질병과 숙주 간의 관계, 면역의 올바른 이해, 다양한 호르몬의 작용 등을 일러주는 의도는 2장에 소개하는 식품에 대한 이해를 돕기 위함이다. 3장의 식품관련 상식들도 마찬가지 의도로 풀이된다. 이처럼 여러 가지 주제의 이야기보따리를 풀어놓다보니 책 제목처럼 '밥이 되는 건강·식품 이야기'로 손색이 없다. 또한 저자의 말대로 독자의 눈높이로 글을 구성한 만큼 비교적 수월하게 읽히고 쉽게 이해되는 편이다. 그러면서도 잘 정리된 요점정리마냥 읽는 재미와 유익함을 맛보게 만든다.

이런 가상한 노력들을 높이 사고 싶다. 전공도 아닌 식품 분야에 심취하여 이미 관련 서적을 여러 권 펴내기도 한 저자는 지금도 공부를 게을리 하지 않는다. 저자의 바람처럼 이 책을 통해 독자 모두가 상식과 비상식을 가려냄은 물론 온전한 식탁을 통해 건강을 유지하는 법을 터득하게 되길 기대한다.

- 박덕순 -

(대한약사회 노인장기요양위원회 위원장, 숙명약대 외래교수, 손온누리약국 대표약사)

사람책이 들려주는

밥이 되는
건강·식품 이야기

—
차
례
—

밥이 되는 건강 이야기

"행·불행과 달리
질병은 공평하다."

제1부

"행·불행과 달리
질병은 공평하다."

A Disease is fair, while a Happiness is not

제1부 밥이 되는 건강 이야기

아파야 산다

유튜브에서 〈인간 피부색의 비밀〉에 대한 동영상을 우연히 보게 되었다. 인류의 기원은 아프리카에서 시작되었다 한다. 강렬한 햇빛, 즉 자외선을 차단하도록 적응된 초기의 검은색 피부는 세계 전역으로 뿔뿔이 흩어지는 과정에 황색, 백색 등 집단적 돌연변이로 생겨났다. 햇빛의 양에 따라 멜라닌 색소가 많으면 검게 되고, 적을수록 하얗게 되는 선택 진화가 피부색을 결정짓게 된 것이다. 샤론 모알렘이 쓴 이 책은 인간의 입장에서 본 질병과 질병의 입장에서 본 숙주(인간) 간의 상관관계를 파헤친, 인류 진화의 여정에 관한 책이다.

지구상에는 철분 없이 살아남을 수 있는 생물체는 거의 없다. 철분은 산소를 운반하며 해독작용과 에너지 전환 작용을 돕고 효소를 만드는 주원료 역할도 한다. 또한 빈혈의 주범이라서 필수 미네랄 성분으로 손꼽힌다. 그런데 체내 철분량을 자동 조절해 내는 정상인들과는 달리 대사기능이 저하되어 무방비로 흡수된 철분 침착이 관절과 주요 장기를 손상시키고 몸 전체의 화학작용을 망가뜨리는 혈색소침착증(일명 혈색증)에 걸리는 사람들이 있다. 서유럽 출신들에게서 30% 정도가 나타나는, 매우 흔한 변이유전 질병은 유독 왜 이들에게서 빈발하는 걸까.

1347년으로 거슬러 올라가 보자. 당시 흑사병이 유럽 전역을 휩쓸어 절반에 가까운 2,500만 명이 죽어나갔다. 특기할 점은 15~44세 사이의 건장한 남성들이 우선적으로 죽은 데 반해 여성과 혈색증 환자는 많은 수가 살아남았다는 점이다. 월경을 통해 철분 손실이 많은 여성, 그리고 철분고정반응(질병에 의해 철분이 몸 전체로 퍼지는 과정에 대식세포의 수준은 오히려 차단하는 면역반응)으로 철분 결핍을 보인 혈색증 환자의 대식세포(=면역계의 죄수호송차)가 전염인자를 고립시켜 제압해 버린 것이다. 반면 혈색증이 없는 사람의 대식세포에는 철분이 아주 풍부하므로 이를 보약삼은 전염인자들이 무장괴한으로 돌변함으로써 임파절이 붓고 터져서 죽게 된다.

혈색증은 유전적 돌연변이로 바이킹에게서 처음 생겨났다. 유럽 연안 일대에서 소규모로 동종 번식되던 혈색증 보인자 1세대가 흑사병에 살아남자 환자 개체수가 상대적으로 늘어나면서 19세기까지 계속

되던 역병의 피해 규모도 줄어들었다. 이는 일반적인 진화의 진행방향에 역행하는 것이다. 생존과 번식에 유리한 유전자를 선호하는 것이 자연선택의 원리라면 혈색증 돌연변이는 결코 물려받고 싶지 않은 형질이다. 방치하면 수십 년 후엔 사망에 이르게 되는 혈색증 유전자는 인간 스스로가 자초하여 대물림시킨, 피치 못할 유전병이었던 것이다.

북유럽 사람에게 1형 당뇨병(자가 면역질환의 일종)은 흔한 질병이다. 세계적으로 핀란드 1위, 스웨덴 2위, 노르웨이와 영국이 3, 4위를 다투고 있다. 특정 개체군에서 다발하는 질병은 그 개체군의 조상들이 환경에 적응하도록 유리하게 진화되어 온 증거이다. 고농도의 당분이 부동액 역할을 하여 혹한에서의 생존율을 높여 주었기 때문이다.

반면 아프리카계 미국인들은 유럽이나 아시아 지역 출신들에 비해 치명적인 심장병에 걸릴 확률이 두 배나 높다. 눈치 챘겠지만 피부색 차이 때문이다. 햇빛은 피부를 투과하여 체내의 콜레스테롤을 비타민D로 전환시키는 대신 엽산을 파괴하는 두 기능을 가지고 있다. 밝고 강렬한 태양광을 통제할 목적으로 검게 변해버린 피부가 햇빛이 충분치 못한 미국 땅에선 콜레스테롤 과잉, 비타민D 부족 증세로 나타나 심장질환을 일으키게 만들어서이다.

 질병과 외부환경의 영향 못지않게 인간을 숙주로 삼는 세균과의 공생관계도 매우 흥미롭다. 우리 몸은 매일 세균을 위한 잔치판을 벌여주고 있다. 성인 몸에는 포유류 세포 보다 외부 세균 세포가 10배나 더 많기 때문이다. 몽땅 모아보면 1천종이 넘는 세균이 1.3kg의 무게로 10~100조 마리가 득실거리고 있다. 우리 몸에 둥지를 튼 세균들의 보유 유전자를 다 합치면 인간 게놈이 보유한 유전자보다 무려 100배나 많다니 놀랍지 않은가.

 재미난 사실은 아군과 적군이 공생하는 가운데 알게 모르게 이들로부터 숙주 조종을 당하고 있다는 점이다. 감기에 걸린 사람이 재채기를 하는 이유는 감기 바이러스가 인간 숙주로 하여금 재채기 반응을 유도해 주변 사람들을 감염시켜 거기에서 새로운 둥지를 틀기 위함이다. 말라리아도 인간 숙주를 조종한다. 고열과 오한을 일으키고 몸이 기진맥진해 지도록 만들어 침대에 드러눕게 만드는 것은 모기를 통해 마음 놓고 말라리아 병원균을 다른 사람에게 감염시키고자 함이다. 수인성 전염병인 콜레라에 걸리면 설사를 통해 수백 만 마리의 미생물을 배설하게 만든다. 이 역시 매개경로인 상하수도를 통해 퍼뜨리고자 하는 숙주 조종의 한 형태인 것이다.

이 정도라니. 내 몸이 내 몸이 아니라는 착각마저 든다. 제약업계에
선 항생제 내성이 골칫거리이다. 강한 항생제를 개발할수록 거기에 대
항하는 세균의 내성도 함께 강해져서 얼마 못 가 약효를 발휘하지 못
하는 일이 반복되고 있기 때문이다. 더 강력한 항생제 군비경쟁이 더
큰 위험을 자초하고 있는 가운데, 진화생물학자 에왈드는 세균의 병독
성을 약화시키는 방향으로 진화를 유도해야 한다고 주장한다. 즉 세균
의 이동경로를 차단하여 세균 길들이기에 나서야 한다는 것이다. 예를
들어 칠레에선 상수도를 철저히 위생 처리하였더니 콜레라의 병독성
이 현저히 낮아졌다 한다. 결국 인간과 세균은 서로 간에 상충되는 생
존과 번식에서 타협점을 찾을 수밖에 없다. 이에는 이, 눈에는 눈. 함
무라비 법전은 인간에게만 적용되는 게 아닌 듯하다.

최근 후생유전학(epi-genetics)에 대한 연구가 활발하다. '그 후의, 추가
의' 라는 그리스 접두어가 의미하듯, DNA상의 변화 없이 부모로부터
물려받은 새로운 형질을 표현하는 현상을 연구하는 학문이다. 20여 년
전 영국 의학자 데이비드 바커 교수는 '산모의 영양 상태가 부실할 경
우 작은 몸집으로 태어난 아기는 자라서 비만하게 된다'는 절약표현형
(thrifty phenotype) 가설을 내세웠는데, 엄마의 경험에 따라 자손의 유전자
발현이 영향을 받는다는 전조적응반응(predictive adaptive response) 또는 모계

효과 라는 정설로 인정받고 있다.

　말미에 수중분만의 장점을 예로 들며 인류가 수생 유인원에서 진화
해 온 것일지도 모른다는 이론을 제기하고 있다. 물 친화적 본능이 여
기저기서 감지되고 있음도 밝힌다. 왜? 그래서? 과학자들의 탐구정신
은 끝이 없는 것 같다. 아파야 사는 질병-진화-건강의 삼각관계만큼이
나 '살아서 아픈' 현실의 부조리를 속 시원히 밝혀줄, 어디 그런 과학자
는 없나.

글 도우미 : Sharon Moalem(미국)
인체생리학 · 신경유전학 · 진화의학 박사로서 뉴욕 마운트시나이 의과대학에 재직 중이다.

암을 넘어 100세까지

얼마 전 어느 모임에서 선물 받은 책이다. 200페이지도 안 되는 분량이라 순식간에 읽어 내려갔다. 그러나 결코 가볍게 넘길 내용이 아닐 뿐더러 군데군데 눈시울을 적시게 하는 감동도 묻어나온다. 그도 그럴 것이 두 가지 암을 동시에 극복한 의사의 체험수기이기 때문이다.

저자인 홍영재는 연세대 의대를 졸업한 산부인과 전문의이다. 58세이던 2001년 청천벽력 같은 암 선고를 받는다. 그것도 대장암 3기에 신장암까지, 두 가지 암 진단을 받았지만 이를 이겨내고 지금은 건재한 모습으로 제2의 인생을 살고 있다.

암이 왜 생기는지를 잠깐 살펴보자. 우리 몸을 이루는 세포는 끊임없이 분열하여 젊은 세포와 늙은 세포 간 세대교체를 통해 우리 몸을 유지해 나간다. 이 과정에 자연스레 돌연변이 세포도 등장하는데 돌연변이 세포를 물리치는 면역세포, 즉 인체의 방어체계가 약해졌을 때

이것들이 암 세포로 변하게 된다. 면역세포의 노화는 나이가 들면서 함께 증대하지만 잘못된 생활습관에 기인하는 바도 크다. 특히 담배는 발암물질 덩어리라 해도 과언이 아니다.

그는 말한다. "암은 불행이 아닌 질병이라서 매우 공평하다"고. 부자건 가난한 자건, 병을 고치는 자신 같은 의사건 간에 가리지 않고 찾아온다는 것이다. 암 선고를 받기 전까지 건강한 몸으로 성실하게 천직인 진료활동에 진력해 온 그였기에 하필이면 왜 나인가 라는 원망도 잠시 하게 된다. 결국 원인제공자는 자기 자신이었음을 깨닫고 적극적으로 치료에 임하기로 마음먹는다. 다행히 모교 병원에서 치른 수술 결과는 좋았으며 이때부터 항암치료에 돌입하게 된다.

6개월간의 항암치료는 악몽 같았다. 독한 항암제는 몸무게를 단숨에 15kg이나 줄여 놓을 정도로 끊이지 않는 통증과 함께 식욕 감퇴, 구토, 설사가 이어졌다. 그 고통을 견디다 못해 침실을 몰래 빠져나와 오밤중에 마룻바닥을 긁어댄 적이 어디 한 두 번이던가. 힘들게 간병하는 아내에게 더 이상 고통을 전가시키지 않으려는 노력들이 읽는 이의 마음을 아프게 한다.

그러나 그는 지금 자신 있게 말한다. "삶은 대가 없는 선물을 주지 않는다."고. 고통 없이 어떻게 암을 이겨내고 새로운 삶을 찾길 희망하는가. 약이 독할수록 완치율이 높아진다는 이치를 경험한 그이기에 독하게 맞서라고 얘기한다. 반면에 암에 좋다는 별별 항암특효식품에 속지 말라고 당부한다. 대신 생존율 제로 상태에서도 희망의 끄나풀을 놓지 않아야 한다고 강변한다. 인간의 생명력은 불확실성을 거역하는 기적을 일으키기 때문이다.

나 역시 몇 년 전 2살 터울의 형을 암으로 잃었다. 지방 병원에서 암 말기 진단을 받은 후 큰 병원이면 뭔가 다를까 하는 마음으로 서울의 S 의료원에 입원하였지만 결과는 매 한 가지였다. 더더구나 담당의사는 길어야 3개월을 넘기지 못할 거라고 잘라 말했다. 이 말을 듣는 순간 공황상태에 빠지지 않을 환자가 어디 있겠는가. 그리고는 두 달 뒤 고통스럽게 생을 마감했다. 지금도 나는 당시 그 담당의사가 야속하기만 하다. 단 0.001% 희망이라도 남겨 주지 못한 그는 사형 언도인에 불과하다 여겨지기 때문이다.

누구나 무병장수를 꿈꾼다. 암은 사람을 죽음으로 내모는 대표적인 생활습관병이다. 규칙적인 생활, 충분한 수면, 꾸준한 운동, 균형 잡힌 식생활은 노화를 방지하고 인체의 면역력을 높여주어 암을 예방하는 효과가 크다. 반면 과다한 스트레스와 흡연 음주 습관, 과식과 자극적인 음식섭취, 불건전한 성 생활 등은 암을 유발한다. 저자 자신도 곱창 안주에 즐겨하던 술이 원인이었음을 솔직히 시인한다. 자신도 모르게 몸에 배인 잘못된 습관을 바로 잡는 것, 이것이 암 예방의 기본임을 명심하라고 조언한다.

암 투병 이후 사람이 달라졌다. 암을 넘어 100세까지 건강하게 살기를 소망하게 된 것이다.

첫째는 품위 있는 죽음을 의식하게 되었다는 점이다. 수술실에 들어가던 날 저자는 아내에게 유서를 남긴다. 질병에 허덕이다 비참한 최후를 맞거나 갑자기 중환자실에서 죽음을 맞는다면 얼마나 끔찍할까. 살아갈 일들을 설계하듯 죽음도 평온하고 행복하게 맞을 수 있도록 설계하겠다고 마음먹은 것이다.

둘째 자연의 고마움을 느끼게 된 것이다. 항암치료를 끝낸 며칠 뒤 부부는 처형이 있는 미국 앨라배마로 날아간다. 그 곳에서 맛 본 신선한 공기와 밝은 햇빛, 깨끗한 물에 흠뻑 빠져든다. 신이 내린 최고의 축복이 자연임을 깨닫는 순간이다.

셋째 느림의 미학도 깨닫는다. 인간의 노화시계는 빠르게 움직일수록 빨리 멎는다. 열심히 일만 하는 사람은 스스로 노화를 촉진시키는 셈이다. 휴식과 여유-게으름을 피우라고 권한다.

넷째 배고픔을 즐기자는 거다. 조금씩 자주, 느리게 먹는 법이 건강 장수의 비결임을 깨달은 것이다. 발효음식이 많은 토속 메뉴를 직접 손으로 만들어 먹는 게 최고라는 것이다.

그는 지금 서울 서초동에서 청국장 식당을 운영하고 있다. 몸에 좋은 발효음식을 제공하기 위해서다. 이후 병원 이름도 홍영재산부인과에서 '산타 홍 클리닉'으로 바꾸었다. 과거 산부인과 전문병원에서 속칭 '토털 안티에이징 병원'으로 변모시킨 것이다. 암 환자뿐만 아니라 누구라도 건강하게 장수하고자 하는 사람이 있다면 이곳을 찾아가 보기 바란다. 산타 의사 Dr.홍의 친절한 상담을 들을 수 있을 것이다.

글 도우미 : **홍영재**(1943년생/전주)
산부인과 전문의로서 대한의사협회 이사이며 산타홍클리닉 원장이다.

Dr. 아보의 면역학 입문

1950년부터 2000년도까지 50년간 일본 남성들의 흡연자율은 80%대
에서 50% 초반으로 무려 30% 가량 꾸준히 줄었다. 하지만 10만 명당
폐암 사망자 수는 5명 수준에서 40명 수준으로 급격히 늘어났다. 흡연
자율/사망자 수 상관관계를 미국, 영국, 독일, 프랑스 등과 비교해 본
결과치는 더욱 불가사의하다. 일본 남성의 흡연자율(50%)에 비해 4개
비교국가 남성들의 흡연자율(25~40%)이 월등히 낮았음에도 불구하고
10만 명당 사망자 수는 4개국(70~80명)에 비해 일본(40명)이 절반 정도밖에
되지 않았다. 이상하지 않은가. 발암물질인 담배가 폐암을 일으킨다
는 정설에 의문을 품은 일본 니가타대학의 면역학자 아보 도오루 교수
는 암이 발생하는 진짜 원인은 따로 있다고 역설한다. 바로 '면역억제
의 극한상태가 암을 유발한다.'는 것이다.

의학사전을 들춰보면 '몸속에 들어온 병원(病原) 미생물에 대항하는

항체를 생산하여 독소를 중화하거나 병원 미생물을 죽여서 다음에는 그 병에 걸리지 않도록 된 상태. 또는 그런 작용.'으로 면역(免疫)을 기술하고 있다. 한 마디로 '우리 몸에 생긴 저항력'을 일컫는데, 체내 시스템과 관련이 깊다. 생명활동을 영위하기 위한 면역 관련 체내시스템에는 3가지, 즉 1.에너지대사 시스템, 2.자율신경계 시스템, 3.백혈구 시스템이 있다.

첫 번째 '에너지대사 시스템'은 인간이 살아가기 위해 에너지를 축적하고 소비하는 기본 시스템이다. 우리가 꾸준히 음식을 섭취하여 일상생활의 에너지로 쓰고 잉여분은 비축해 두었다가 꺼내 쓰는 에너지대사 과정을 밟는 것은 생명활동의 첫걸음에 해당한다. 당장에 에너지가 부족하면 정상적인 생활에 지장이 초래되고 과잉 축적되면 비만이나 당뇨병의 원인이 되어서이다.

두 번째 '자율신경계 시스템'에서 '자율'이란 말은 우리의 의지대로 조절할 수 없음을 의미한다. 우리가 명령을 내리지 않아도 심장이 저절로 움직이거나 위와 장에서 음식물이 자동 소화되는 과정이 대표적인 사례라 하겠다. 자율신경은 간뇌(肝腦)가 담당하고 불수의근(不隨意筋: 자기 마음대로 되지 않는 근육) 운동과 여러 선(腺:샘)의 분비를 조절하며, 교감신경과 부교감신경이 각각 상반되는 방향으로 작용하여 건강할 때에는 항상 균형을 유지한다. 그런데 스트레스가 가중되거나 부부싸움을 할 때면 흥분되어 교감신경이 강하게 작용한다. 반면 음악 감상이나 휴식을 취할 때면 부교감신경이 우위로 작용한다. 이 둘의 균형이 우리의 모든 생명활동에 관여하듯, 질병 역시 두 신경계의 미묘한 균형 변화에 따라 발생하기도 하고 치유되기도 하는 것이다.

세 번째 '백혈구 시스템'은 우리 몸의 경찰관 역할을 한다. 혈액을 구성하는 대표 성분으로 적혈구, 백혈구, 혈소판 같은 고체성분이 있으며 이 셋은 혈장이라는 액체성분 속을 떠다닌다. 적혈구의 붉은색소인 헤모글로빈은 산소를 몸 전체로 운반하고, 혈소판은 출혈 시 혈액을 응고시키는 지혈 작용을 하는 반면, 백혈구는 스스로 아메바 운동을 하여 혈관내외를 돌아다니면서 세균 등의 이물질(抗原;antigen)을 제거하는 역할을 하는 것이다. 성인 기준으로 약 5리터 양의 혈액은 체중의 약 1/13을 차지하고, 혈액 속의 백혈구는 적혈구의 약 1/1000을 차지하는데, 이러한 비율의 균형이 생명활동을 좌우한다.

면역과 관련 있는 백혈구의 기능을 좀 더 자세히 살펴보자. 백혈구는 주로 골수(骨髓)에서 만들어져 혈액을 거쳐 전신조직에 분포되는데,

일부는 비장(脾臟)과 임파절 등 다른 곳에서도 만들어진다. 인체가 건강한 상태일 때에는 대식세포(macrophage) 5%, 과립구(granulocyte) 60%, 임파구(lymphocyte) 35% 정도의 평형을 유지한다. 과립구는 비교적 크기가 큰 세균을 처리하는데, 이들의 수가 많은 이유는 큰 세균류가 압도적으로 많기 때문이다. 과립구는 이물질이 침범하면 즉시 달려가 에워싸서 통째로 삼켜버린다. 그러면 과립구 속의 그랜자임(granzyme), 리소자임(lysozyme) 같은 소화효소와 활성산소의 작용으로 이물질은 분해되어 버린다. 상처가 난 곳에 나오는 하얀 고름은 과립구의 시체이며, 이는 과립구가 화농성 염증을 일으킨 증거물이다. 하지만 과립구가 이물질을 물리치더라도 면역을 발생시키지는 않는다. 식중독은 낫더라도 다시 식중독에 걸릴 수 있다는 뜻이다.

항원을 기억하는 면역력은 오직 임파구에서만 가능하다. 과립구가 처리할 수 없는 바이러스 등의 작은 이물질이 체내로 들어오면 대식세포는 침입자의 성질을 파악하여 임파절 속에 휴면상태로 있던 임파구에게 사이토카인(cytokine; 세포간의 신호물질)을 방출하여 이를 알린다. 임파구는 항원이 들어온 것을 감지하는 순간부터 맹렬히 분열하여 수십 배 수천 배로 몸집을 불려서 웬만큼 임파구가 불어난 것이 확인되면 대식세포의 명령에 따라 항원이 있는 적진으로 달려간다. 이렇듯 임파구

는 과립구마냥 속전속결로 물리치지 않으며 전투방식도 달라서 면역
글로불린(immunoglobulin)이라는 접착분자로 이물질들을 차곡차곡 모아서
처리한다. 전투가 끝나면 임파구는 다시 휴면상태로 들어가는데, 이때
그 항원을 기억하여 똑같은 녀석이 다시 침범할 때에는 재빨리 분열하
여 해당 항원이 발을 붙이기 전에 제압해 버리는 것이다. 이것이 바로
면역의 원리이다.

　면역의 기원을 따져 보면 진화의 흐름상 인류가 육지생활을 시작하
기 이전의 수중생활 때로 거슬러 올라간다. 수중에서 산소 흡수의 입
구 역할을 하는 아가미는 항원에 노출될 위험성이 가장 높은 기관이라
서 임파구도 가장 많이 모여 있다. 육지생활을 하게 되면서 폐호흡을
하게 되자 아가미는 자연도태되고 그 자리에 임파구를 만드는 흉선(胸
線)이 들어선 것이다. 일반적으로 임파구는 흉선에서 만들어져서 임파
절과 비장으로 보내진다. 이러한 발견조차도 1960년대의 일로서, 이
후에 간장(肝臟)과 장관(腸管)에서도 만들어진다는 사실이 밝혀졌다. 진화
의 단계로 보면 NK세포(natural killer cell)〉T세포(흉선의 영어명 Thymus의 첫 자를 따서 명
명)〉B세포(골수의 영어명 Bone marrow의 첫 자를 따서 명명) 순인 것이다.

　NK세포는 대식세포에서 진화한 최초의 임파구로 주로 암을 공격한

다. 흉선유래 T세포와 간장, 소화관에서 만들어지는 흉선외분화 T세포(Thymus helper cell)는 직접 이동하며 이물질을 처리한다. 반면 골수에서 만들어지는 B세포는 스스로 이동할 수는 없어도 항원을 인식하는 항체를 방출하여 면역반응을 일으킨다. 이러한 면역세포들은 나이 20세를 정점으로 신구 교대를 한다. 실제 20세 무렵까지만 '신면역(new immune)' 팀인 흉선이 커지다가 그 이후에는 임파절, 비장과 함께 위축되어 가는 반면, '구면역(old immune)' 팀인 소화관, 간장, 외분비선의 임파구는 활발해진다. 나이가 들수록 체내에는 이상세포(abnormal cell)가 늘어나고 노화현상과 노폐물도 증가하기 때문이다. 이처럼 외부에서 들어온 이물질(항원)과 맞서 싸우는 힘은 '신면역'의 몫이지만 질병의 원인인 스트레스를 받을 때 일어나는 체내의 이상은 '구면역'의 몫인 것이다.

이와 같이 백혈구 시스템은 매우 뛰어난 군대조직과 같다. 백혈구 시스템을 하나의 사단으로 간주한다면 자율신경계 시스템은 사단 본부에 해당한다. 백혈구의 3개 사단, 즉 대식세포·과립구·임파구는 생체방어 시스템과 매우 밀접한 관련이 있으며, 이들 개개 시스템들은 자율신경의 지배를 받기 때문이다. 따라서 자율신경을 이루는 교감신경과 부교감신경이 균형을 이루지 못하면 체내에 이상이 생길 수밖에 없다. 즉 교감신경이 우위일 때에는 과립구가 과잉 증가하여 체내의 유익균까지 공격하므로 화농성 염증과 조직파괴가 일어나게 되고, 부교감신경이 우위일 때에는 임파구가 과잉 증가하여 항원에 과민반응을 보이게 되므로 알레르기 질환이 유발된다는 것이다.

아보 교수는 오랜 임상을 통해 "암 환자를 관찰해 본 결과, 임파구 비율이 백혈구 전체의 30% 미만으로 떨어질 때 면역이 억제되고 말았다. 반대로 임파구 비율을 30% 이상으로 끌어올리자 암세포가 점점 줄어들기 시작했다. 암의 3대 요법인 수술 · 항암약물요법 · 방사선 요법은 방법상의 차이일 뿐, 환자를 면역억제 상태에 놓이게 만든다. 당장이라도 이를 중단하고 임파구를 증가시키는 생활을 실천하고 부교감신경을 자극하여 면역력을 높이는 〈자율신경 면역요법〉을 따라야 암도 낫게 할 수 있다."며 현대의학의 문제점을 비판한다.

그가 내세우는 '암을 치유하는 4가지 요령'은 단순하면서도 명쾌하다.

1. 스트레스가 많이 발생하는 생활패턴을 바꾸자.

암의 최대 원인은 스트레스에 있다. 정신적 · 육체적 스트레스를 덜 받는 방법으로 목표의 70% 달성만으로도 만족감을 갖는 마음자세를 가지라고 당부한다. 직장일이건 가사일이건 매일 100%를 달성해야 한다는 강박감을 떨어내고, 30%의 여유를 가지라는 것이다.

2. 암에 대한 공포에서 벗어나자.

암 검진을 받은 후 정밀검사를 통보받으면 극도의 긴장감에 빠져든다. 또한 암세포가 전이되었다고 듣는 순간 지레 생을 포기하는 경우도 허다하다. 일본의 경우 정밀검사를 통보받은 사람에게서 실제 이상이 발견되는 비율은 6%도 채 안될뿐더러, 암 전이는 면역학적으로 볼 때 임파구의 공격, 즉 면역반응에 굴복하여 암의 병소(病巢)가 피신하는 반가운 신호일 수 있으므로 더 적극적으로 치료에 임해야 한다.

3. 면역을 억제하는 치료법을 거부하자.

인체에 메스를 가하면 교감신경의 긴장상태가 더 심해진다. 조기발견이 아니라면 함부로 수술에 응하지 말라. 항암제의 대부분은 암세포뿐만 아니라 정상세포도 공격하여 면역억제 상태로 빠뜨린다. 항암제로 진행을 늦출 수 있다고 밝혀진 유방암, 골수종, 만성골수성 백혈병, 소세포 폐암 등 일부 암에만 항암요법을 적용하라. 방사선 치료 또한 아무리 정확하게 투사되더라도 그 자체가 발암을 촉진하는 성질이 있으며 면역억제에 끼치는 악영향을 회피할 수 없음을 명심하라.

4. 적극적으로 부교감신경을 자극하자.

현미, 야채, 버섯, 발효식품, 작은생선 등 생명력이 살아있는 완전한
영양은 부교감신경을 자극한다. 즉 소화관에 관련된 작용은 모두 부교
감신경이 담당하므로 결국 임파구를 증가시켜서 면역력을 증가시키
는 것이다. 적당한 휴식과 가벼운 운동, 잦은 목욕도 혈행을 촉진하여
부교감신경을 자극한다.

아보 교수는 암뿐 아니라 천식, 알레르기, 교원병, 류머티즘 등의 난
치병은 모두 '생활방식'의 문제에 원인이 있다고 강조한다. 면역 결핍
에 의한 암도 문제지만 알레르기, 아토피, 기관지천식 같은 각종 질병
은 면역 항진에서 비롯되기 때문이다. 결국 '명랑하고 활기 찬 생활태
도로 항상 임파구를 정상 상태로 유지하고 자주 부교감신경을 자극하
여 자율신경의 균형을 맞추는 생활방식'이 면역력 향상의 열쇠라는 것
이다.

글 도우미 : **아보 도오루**(1947년생/일본)
도호쿠대학 의학부 출신으로 흉선외분화 T세포를 발견한 국제적 명성의 면역학자이다.

나이가 두렵지 않은 웰빙건강법

"노화, 이는 듣기만 하여도 가슴이 철렁 내려앉는 말이다."

고등학교 교과서에 나왔던 민태원의 수필 〈청춘예찬〉의 '청춘, 이는 듣기만 하여도 가슴이 설레는 말이다.'라는 대목을 패러디한 말이다. 노화방지클리닉을 운영하는 의사인 권용욱도 나이 40에 일시적으로 앞이 잘 보이지 않는 노안(老眼)을 경험했다. 그때의 충격을 머리에 떠올리며 잘 사는 법, 즉 만인을 위한 웰빙건강법을 꾸며 보았다.

우선 인간수명의 변천을 잠깐 살펴보자. 로마 시대 때의 평균수명은 19세, 20세기 초에도 겨우 47세였던 것이 21세기를 맞은 현재 80세를 능가하고 있다. 인간의 수명이 늘어난 까닭은 공중보건과 의약의 발달로 기근과 돌림병이 줄어 조기 사망률이 크게 감소한 덕분이다. 그리스의 플라톤이 80세, 르네상스 시대의 미켈란젤로와 조선 초기의 황희 정승이 89세까지 산 걸로 봐선 수명을 늘리는 방법이 따로 고안된 것

은 아니라는 것이다. 최장수 기록은 어떨까? 기네스북에 따르면 1997
년 122세로 사망한 프랑스 잔느 깔망이 최장수를 기록하여 120세의 벽
을 간신히 깼다. 그렇다면 120세가 마의 벽이란 말인가.

　인간이 늙는 이유에 대해서는 크게 5가지 주장이 있다. 마모 이
론, 신경호르몬 이론, 활성산소 이론, 프로그램 이론, 텔로머레이즈
(telomerase) 이론이 그것이다.

　마모 이론은 자동차 엔진과 부품이 마모되듯이 우리 몸도 계속 쓰면
장기와 세포가 낡고 망가져 간다는 것이다. 그러므로 유해한 환경을
피하고 올바른 식사와 규칙적인 생활을 한다면 노화를 일정 부분 지연
시킬 수 있다고 본다.

　신경호르몬 이론은 인체 기능의 조절물질인 신경-호르몬 체계에 초
점을 맞춘 이론이다. 즉 나이가 들면서 호르몬 분비가 감소하여 회복
능력과 조절 능력이 감퇴한다는 것이다. 이런 발상에서 호르몬을 보충
해주면 노화가 지연되거나 멈추게 된다는 것이다.

　활성산소 이론은 세포에서 에너지를 만드는 발전소 격인 미토콘드

리아의 불완전성에 기인한다. 에너지 생성과정에서 산소의 1~5%는 필요악이랄 수 있는 활성산소로 변하는데, 나이 들수록 활성산소에 의한 손상이 누적된다는 것이다. 대처방법은 활성산소의 발생원인인 흡연, 스트레스, 유해환경은 줄이고 적당한 운동과 식사를 유지하는 것이다.

프로그램 이론은 애당초 DNA가 늙어가도록 프로그래밍되어 있다는 이론이다. 따라서 유전적 요인을 밝혀 그에 대응하는 후천적 조작과 노력을 강화하면 된다. 하지만 절제된 생활습관으로 운명의 굴레를 얼마나 벗어날 수 있을 지는 현재로선 미지수다.

텔로머레이즈 이론에서 텔로미어(telomere)는 염색체의 끝부분에서 염색체를 보호하는 물질인데, 세포분열이 거듭될수록 그 길이가 점점 짧아지므로 세포의 수명을 예측하는 지표가 되고 있다. 텔로머레이즈는 텔로미어를 재생하는 효소로서 세포에 이를 주입하면 텔로미어가 더 이상 짧아지지 않고 지속적인 세포분열을 하게 된다. 문제는 텔로머레이즈를 사용하면 암 세포도 무한히 분열 증식하는데 있다. 이런 특성 때문에 암 치료와 노화방지 분야에서 동시 연구가 한창 진행 중이다.

그가 지목하는 '노화를 부르는 5가지 원인'은 흡연, 음주, 스트레스,

복부비만, 만성피로이다.

흡연은 활성산소를 많이 발생시켜 세포를 노화시키고 암을 일으키는 주범이다.

하루 한 두 잔의 적당한 술은 노화를 지연시키고 수명을 연장시키지만 6잔 이상을 마시면 위염, 위궤양, 간경화, 간암, 구강암, 식도암, 기관지염, 폐렴에 더 잘 걸리게 만든다.

지속적인 스트레스는 면역계, 내분비계, 심혈관계에 나쁜 영향을 주어 암 등 만성 질환과 심근경색으로 인한 돌연사의 원인이 되고 노화를 촉진한다.

복부비만 중 내장지방은 해로운 물질을 분비하거나 혈액으로 바로 녹아 들어가 당 대사나 지질 대사에 이상을 일으키고 동맥경화를 일으켜 당뇨, 고혈압, 고지혈증, 관상동맥 질환 등의 원인이 된다.

일종의 경보장치인 피로 상태가 누적되어 나타나는 만성피로증후군은 그 원인이 복잡하여 치료가 쉽지 않은 데다 무기력감까지 더해져 각종 질병과 노화를 촉진시킨다.

이제 본론인 노화방지법을 알아보자. 뭐니뭐니해도 운동만한 게 없다. 운동은 부작용 없이 큰 돈 안 들이고 누구나가 할 수 있는 가장 경제적인 노화방지법이다. 하루 20분 이상, 1주일에 5회 이상 꾸준히 하면 8~9년은 젊어진다는 게 실험 결과이다. 운동을 하면 신경-호르몬계를 자극하여 자연호르몬요법의 효과가 나타나고, 면역물질이 생성되어 질병에 잘 걸리지 않으며 근력강화로 활력도 유지하게 된다. 또한 혈압과 혈당을 낮춰주어 각종 생활습관병의 예방 및 치료에 도움이 되고 뇌 혈액순환을 활발히 하여 뇌의 노화를 막아준다. 더불어 체형과 자세가 좋아지고 스트레스가 해소되어 만사에 자신감을 갖게 된다. 골다공증을 예방하는 데에도 운동보다 좋은 게 없다.

※ 30분 운동했을 때의 운동별 에너지 소비량(단위 kcal)

걷기	댄스	인라인 스케이트	속보	자전거	등산	수영	조깅
143	144	172	184	206	253	268	322

추천하는 운동으로는, 첫째 파워워킹, 댄스, 조깅 등의 유산소운동이 으뜸이다. 유산소운동을 지속적으로 하면 근육세포에서 산소를 이용한 에너지대사가 활발히 일어나는데, 보통 20분까지는 탄수화물을 주 연료로 태우다가 그 이후로는 지방을 연료로 쓰게 되므로 체중감량이나 다이어트가 목적이라면 최소 30분 이상을 꾸준히 하는 게 좋다.

둘째로는 근력강화운동인데, 말 그대로 근육의 힘을 키우는 것이다. 20,30대에 잘 발달하였던 근육도 나이가 들면서 점차 줄어든다. 이는 성장호르몬 및 남성호르몬 감소와 깊은 관련이 있다. 그러므로 나이 들어서도 활력을 유지하려면 팔굽혀펴기, 윗몸 일으키기, 앉았다 일어나기, 턱걸이, 아령들기 외에 헬스기구를 이용한 웨이트 트레이닝을 소홀히 하지 말아야 한다.

셋째는 유연성 강화운동이다. 노화의 특징 중 하나는 몸이 뻣뻣해지고 유연성이 떨어진다는 것이다. 유연성이란 관절과 근육이 얼마나 부드러운가 하는 것인데, 유연성이 뛰어날수록 요통이나 관절통, 오십견 같은 질병이 생기지 않고 운동하다 다칠 위험성도 떨어진다. 그러므로 아무리 바빠도 2시간 이상 같은 자세로 일하는 습관을 버려야 한다. 대신에 스트레칭, 맨손체조, 에어로빅, 요가 같은 운동을 틈틈이 해 주어야 한다.

운동 못지않게 중요한 노화방지법은 바로 올바른 식습관이다. 우리가 하루 세끼를 매일 먹는다면 1년이면 꼬박 1,095끼가 되고 80세까지 산다고 봤을 때는 무려 87,600끼니가 된다. 이처럼 식사는 생명영위와 불가분의 관계를 맺고 있다. 그러나 '많이 먹으면 혀가 즐겁고, 적게 먹으면 인생이 즐겁다'는 속담이 있다. 실제 과식은 유해활성산소 생성의 주범이다. 기본적으로 소식(小食)의 습관이 중요한 이유이다.

노화를 막고 젊음을 지켜주는 식사원칙은 '아침은 충분히, 점심은 적당히, 저녁은 적게'이다. 신체활동이 왕성한 오전 시간에 필요한 에너지를 얻으려면 아침을 든든히 챙겨야 하고, 저녁과 밤에는 부교감신경이 활발히 작용하여 에너지 소비보다는 축적 경향이 강해져서 비만의 원인이 되므로 적게 먹어야 한다. 식습관 중 가장 경계해야 할 것은 화이트 푸드(white foods)들이다. 소금은 하루 10g(우리나라 사람의 평균섭취량은 20g) 이내로 줄이고 당지수(glycemic index)가 높은 흰쌀밥과 밀가루, 설탕의 섭취를 최대한 억제해야 한다.

동물성 식품은 단백질의 보고(寶庫)이다. 그 중 필수아미노산(히스티딘, 알기닌, 이소로이신, 알라닌, 로이신, 라이신, 페닐알라닌, 발린, 메티오닌, 트립토판, 트레오닌, 세린, 티로신)은 외부로부터 반드시 공급받아야 한다. 노화방지에 효과적인 단백질 섭취법으로는 육고기 대신 생선을, 붉은 살코기보다는 흰 살코기를 선택하고, 거기다 식물성 단백질이 풍부한 콩류(콩, 두부, 된장, 청국장, 두유 등) 식품을 자주 먹는 게 좋다.

노화를 막아주는 식품군으로 미네랄과 비타민도 빼놓을 수 없다. 중요한 미네랄로 셀레늄, 크롬, 마그네슘, 칼슘을 들 수 있는데, 항산화제인 셀레늄은 곡류, 마늘, 참치, 귤, 해조류, 육류, 해바라기씨에 많고,

크롬은 곡류, 오렌지주스, 브로콜리 등에 풍부하며 마그네슘은 정제하지 않은 곡류, 견과류, 시금치, 새우 등에 많다.

인체 대사에 꼭 필요한 비타민은 수용성 9종, 지용성 4종 등 총 13종이 발견되어 있다. 대개 비타민은 아주 적은 양을 필요로 하지만 노화나 질병 예방을 위해서는 권장섭취량의 5~10배가 필요하다. 노화방지에 유용한 비타민은 비타민A, C, E이다. 비타민A는 동물의 간, 간유구, 달걀노른자, 버터, 치즈 등 주로 동물성 식품에 많지만 과용하면 독성이 나타날 수 있다. 비타민A로 변하는 베타카로틴이 당근, 브로콜리, 시금치 등에 많으므로 이들 식품을 섭취해도 무방하다. 항산화제의 일종인 비타민C는 과일과 채소에 많고, 비타민E는 곡류의 씨눈, 식물성기름, 녹색채소에 많다.

노화방지 수단으로 빠트리지 않는 것 중에 숙면(熟眠)이 있다. 일생의 3분의 1 가량을 잠 자는 시간으로 보내다보니 어떤 과학자는 '잠은 인류 진화의 가장 큰 실수'라고 평했지만 의학에선 잠은 건강의 척도로 여겨진다. 즉 잠을 통해 피로도 풀고 정신적 갈등도 해소하며 성장과 성기능을 돕는 호르몬 분비를 왕성히 하여 우리 몸을 재충전시키기 때문이다. 편안한 잠과 함께 마음을 잘 다스리는 것 또한 장수비결 중 하나이다. 그런 의미에서 좋은 친구들과의 사회적 유대감도 소홀히 해선 안 될 것 같다.

   말미에 노화방지의학의 모토로 "Prevent the avoidable, delay the inevitable(피할 수 있는 것은 예방하고, 불가피한 것은 지연시켜라)"라는 명언을 남겼다. 우리나라에만도 100세 이상 노인이 2010년 말 기준으로 11,500여 명이었다. 80~89세가 110만여 명, 90~99세가 11만명 가량으로 100세에 이르기까지 10살 간격으로 10분의 1로 급감하는 추세를 보여, 장수의 길이 결코 만만치 않음을 여실히 보여준다. 더욱이 세계 최장수국가인 이웃나라 일본에서도 100세 이상 노인이 6만여 명을 헤아리지만 120세 이상 노인은 매우 드물다. 전 세계적으로 120세 벽을 넘긴 노인이 극히 드문 것은 피할 수 있는 것과 어쩔 수 없는 것을 제대로 가리지 못해서이지 않을까 하는 생각이 든다. 웰빙건강법의 핵심은 바로 '제대로 알고 제대로 실천하기'가 아닐까.

글 도우미 : 권용욱(1962년생/서울)
AG클리닉 원장이며 서울대학교 의과대학 초빙교수이다

내 몸을 망가뜨리는 질병상식

감기에 걸려 열이 날 때, 옷을 잔뜩 껴입거나 두꺼운 이불을 덮어본 적이 있을 것이다. 하지만 미국의학협회는 그릇된 조치라고 지적한다. 몸의 열이 제대로 발산되지 못해 고열발작(febrile seizure)을 일으킬 수 있다는 것이다. 사람의 피부는 밀봉된 비닐로 감싸버리면 피부 호흡을 못해 1시간 내에 사망에 이른다 한다. 이런 이유로 해서 몸에 열이 나면 옷을 얇게 입어서 피부를 통해 열이 잘 발산되도록 해 주는 게 상책이다. 반대로 냉탕에 뛰어들면 어떨까? 찬물을 끼얹으면 오한이 나서 피부가 오그라들고 열이 발산되지 못해 오히려 열이 치솟는다. 주의할 점은 열이 날 때는 병균과의 싸움에 쓰이는 에너지 소모가 많게 되므로 굶어서도 안 된다는 것이다.

감기는 추운 겨울에 많이 걸린다. 왜일까? 감기의 원인은 바이러스인데, 자신을 죽이는 햇빛이 부족한 겨울철에 차가운 기온에서 번식속도가 빨라진다. 더욱이 우리 몸의 면역력이 차가운 날씨에 위축되다보니 바이러스의 입장에서 외유자강(外柔自剛)의 환경이 조성되기 때문이다. 미국 위스콘신 대학의 딕(Elliot Dick) 박사는 감기에 걸린 사람과 키스를 하도록 한 실험에서 진한 키스를 해도 감기를 옮기지 않는다는 사실을 증명했다. 입안의 점막이 완벽한 보호막 역할과 살균 작용을 하기 때문이다. 연인들이여, 마음껏 키스를 하는 대신 차라리 악수는 삼가라. 감기 전파의 가장 큰 매개체는 콧물인데, 감기환자가 콧물을 만진 손으로 악수를 하거나 물건 등을 만질 때 바이러스가 주로 전파된다고 밝혀져서이다.

키스 이야기가 나온 김에 충치 감염은 괜찮은지 알아보자. 모든 성인의 입안에는 500가지가 넘는 세균(주로 박테리아)이 득실거린다. 평소 양치를 열심히 하는 사람의 치아 1개에는 1천~10만 마리의 박테리아가 붙어있지만 그렇지 않은 사람의 치아 한 개에는 1억~10억 마리까지 기생한다. 입안에 서식하는 박테리아 가운데 가장 전염되기 쉬운 놈이 바로 충치균인데, 어른들이 키스를 할 때마다 입에서 입으로 전염된다. 유치가 나오는 생후 9~31개월 사이의 아기들은 충치균에 대한 저항력이 전혀 없다. 그러므로 이때에는 어른이 먹던 숟가락으로 아기에게 밥을 먹이거나 컵을 같이 사용하거나 입에 뽀뽀를 하는 행위는 매우 몰상식한 행동이다. 하지만 건강한 남녀 간의 키스는 보약일 수 있다. 키스를 나눌 때 분비되는 도파민은 면역력을 높여주고 스트레스는 풀어주기 때문이다.

상처가 나면 딱지가 생길 때까지 내버려둬야 할까? 미국 콜롬비아 대학의 카츠(Bruce Katz) 박사는 '상처가 났을 땐 얼른 항생연고를 발라 딱지가 생기기 않도록 해야 한다'고 조언한다. 흉터가 남을 가능성을 없애라는 것이다. 일단 딱지가 생겼다면 억지로 딱지를 떼어내지 말아야 피부 흉터를 줄일 수 있다. 일부 병원에서는 과산화수소를 발라주기도 하는데, 과산화수소는 상처에 새로 생기는 피부재생세포를 파괴하므로 바람직하지 않다. 상처가 완전히 낫게 되면 그 부위를 부드럽게 마사지해 주고 햇빛에 노출되지 않도록 유의한다. 이는 콜라겐이 뭉치는 것을 방지하고 흉터의 색소생성세포를 덜 자극하기 위해서다.

물집은 터트려야 할까? 그렇게 하지 않는 게 좋다. 물집은 피부가 반복적으로 마찰되어 표피와 진피 사이에 수포가 들어차는 현상이다. 그 속의 액체는 바로 상처를 보호하기 위해 우리 몸이 자연적으로 만들어낸 보호 장치인 것이다. 물집을 일부러 터트리면 치유속도도 그만큼 느려지고 세균감염의 위험도 커진다. 흔히들 바늘을 불에 달궈 사용하는데 이는 위험천만한 행동이다. 시커먼 탄소 분자를 묻혀서 피부 속에 집어넣는 꼴이기 때문이다. 2003년 이라크 전쟁 때 군수용 품으로 스타킹과 여성생리대가 대량 보급되었다. 더운 사막 지역에 이것들이 왜 필요했을까. 알고 보니 스타킹은 군화 속 발의 물집을 예 방하고, 생리대는 헬멧 속에 착용하여 이마에 생기는 땀띠를 차단하 는데 큰 보탬이 되었기 때문이다.

손톱은 건강상태를 나타내는 거울이다. 건강한 손톱은 분홍빛을 띠 지만 색깔이 변하면 질병을 의심해봐야 한다.
- 두껍고 노란 손톱: 감상선 이상이나 폐질환
- 하얗게 변하는 손톱: 간경변 등의 간 이상
- 갈색이나 검은색의 띠가 나타나는 손톱: 피부암
- 절반이 흰색으로 바뀐 손톱: 신장 이상
- 떨어져 나가는 손톱: 감상선 이상
- 둥글게 말리는 손톱: 빈혈
- 일부 표면이 함몰되는 손톱: 탈모나 건선

손톱은 온갖 세균의 온상이다. 여기에 기생하는 세균을 막으려면 손 톱을 3mm 이하로 짧게 잘라야 한다. 미국 미시간 대학과 캐나다 댈하 우지 대학의 공동연구에 의하면, 손톱길이가 3mm 이하인 사람들은 5

명 가운데 1명에게서 유해세균이 발견되었지만 3mm 이상인 사람들
은 전원에게서 유해세균이 검출되었다. 인조손톱을 착용하는 경우에
는 세균수치가 더 상승한다. 재미난 사실은 손톱은 한 달 평균 2.5mm
정도 자라는데, 겨울철에 비해 여름철에 더 빨리 자라고, 오른손잡이
는 오른손 손톱이, 왼손잡이는 왼손 손톱이 좀 더 빨리 자란다.

　우리가 사용하는 지폐에도 세균이 득실거린다. 미국 라이트페터슨
공군기지 병원의 엔더(peter Ender) 박사에 의하면 달러 지폐 94%에서 세
균이 검출되었다. 그 중 7%는 폐렴 및 혈액감염을 유발하는 치명적인
병균이었고 나머지 87%도 요도감염, 호흡기 순환기감염, 식중독균 등
이었다. 현금 유통이 더 많은 우리나라의 경우, 미국보다 더하면 더했
지 덜하진 않을 것이다. 돈을 자주 만지는 사람들은 손을 자주 씻는 방
법 외엔 달리 뾰족한 수가 없다. 헬스클럽, 공중목욕탕, 사우나 등 습
기 찬 곳도 온통 세균 천지다. 그러니 라커룸이나 샤워장에서는 물빠
짐이 좋은 슬리퍼를 신어야 하고, 손으로 눈이나 입, 생식기를 만지는
행위는 삼가야 한다.

　미국 워싱턴 대학의 쉴라인(Yvette Sheline) 박사가 만성 우울증에 시달리
는 사람의 두뇌를 조사해 보았더니 단기기억과 학습능력을 담당하는

해마(hippocampus)가 보통사람보다 15%나 작은 것을 발견했다. 하버드 대학이 베트남 참전용사의 두뇌를 조사한 결과도 전후스트레스증후군(post-traumatic stress disorder)에 시달리는 군인들에서 해마가 무려 26%나 줄어들어 있음을 알 수 있었다. 두뇌를 위축시킨 원인은 무엇일까? 바로 스트레스 호르몬 때문이었다. 스트레스를 받을 때마다 이 호르몬이 분비되어 두뇌를 줄어들게 만든 것이다. 스트레스 강도가 높아지고 기간이 길어질수록 뇌세포는 아예 죽어버리는 것이었다.

화를 내면 빨리 죽을까? 맞다. 화를 내면 카테콜아민(catecholamine)이란 신경전달물질이 분비되면서 혈관이 좁아진다. 그러면 심장박동수와 혈압이 높아진다. 이런 현상이 반복되면 심장질환에 걸리기 쉽기 때문이다. 듀크 대학 윌리엄스(Redford Williams) 박사에 의하면 스스로 화를 주체하지 못하는 건 '분노유전자' 탓인데, 전체 인구의 20%가 이를 가진 반면, 이를 가지지 않은 20%는 정반대로 화를 잘 내지 않는다. 나머지 60%는 때에 따라 화를 내다가도 스스로 분노를 조절할 줄 아는 중간적 성격의 소유자이다. 건강을 위해서는 남을 용서하는 법을 터득해야 한다.

미국 루이빌대학 심리학과 교수인 컨(Clifford Kuhn) 박사는 웃음박사이다. 그가 만들어낸 웃음의 요령은 먼저 눈썹을 최대한 위로 치켜 올려 열을 센 후 입이 쫙 찢어질 정도 최대한 벌려 또 열을 센다. 한 번에 2분씩 틈나는 대로 하라 한다. 그에 따르면 5살배기 어린이는 하루 평균 250번을 웃지만 어른들은 고작 15번 웃는다는 것이다. 웃음은 뇌 속의 엔돌핀(endorphin) 분비를 촉진하고, 침에서는 바이러스와 박테리아를 죽이는 S-IgA라는 물질을 분비한다. 또한 스트레스호르몬은 줄고 웃을 때마다 3.5kcal를 발산하여 살을 빼는 효과도 있다. 재미난 점은 억지웃음도 실제 웃음과 똑같은 효과를 나타낸다는 것이다. 우리 몸이 웃음만큼은 진짜인지 가짜인지 분간하지 못하기 때문이다.

비타민A가 결핍되면 야맹증에 걸린다. 그런데 비타민A를 과용하면 오히려 골다공증에 걸린다는 보고가 있다. 스웨덴 유니버시티병원 연구팀이 30년간 2,300명의 혈중 비타민A 농도를 분석해 본 결과, 비타민A 수치가 가장 높은 사람은 평균치보다 골절상을 당할 확률이 65% 높았고 가장 낮은 수치를 보인 사람에 비해서는 무려 7배나 높았다. 비타민A의 하루 권장량은 0.7~0.9mg로서 그 배인 하루 1.5mg 이상을 섭취할 경우 배출되지 않고 몸속 지방층에 축적되어 골절상을 유발한다는 것이다. 뼈가 약한 65세 이상 노인들은 매일 섭취하게 되는 비타민A의 양을 주의 깊게 살펴야 할 것 같다. 참고로 비타민A는 동물의 간, 계란, 치즈 같은 동물성 식품뿐만 아니라 당근, 시금치, 호박, 녹색 잎 채소류, 김, 미역 등 식물성 식품에도 많다. 이들 자연식품의 섭취량을 적절히 조절해야겠지만, 비타민 영양제를 복용하고 있는 사람이라면 그 속에 함유된 합성비타민 함량을 눈여겨봐야 할 것이다.

비타민C를 복용하면 감기를 예방한다고 알려져 있다. 1970년대 초, 노벨상 수상자인 폴링(Linus Fauling) 박사의 발표 때문이다. 하지만 이를 부정하는 연구 결과가 끊임없이 쏟아져 나오고 있다. 호주국립대학(ANU) 더글라스(Robert Douglas) 박사에 의하면 비타민C를 조금 먹거나 많이 먹거나 아예 위약(가짜약)을 먹은 사람 간에 감기 증세의 차이가 나타나지 않았다는 것이다. 오히려 위약 그룹에서 감기증세가 호전되는 결과를 빚었다. 미국 콜롬비아 대학 카맬리(Wahida Karmally) 박사도 비타민C가 감기 예방에 효과가 있다는 주장은 과학적 근거가 없다고 밝혔다. 폴링 박사는 비타민C가 암에 좋다는 걸 입증하기 위해 자신뿐만 아니라 부인도 함께 매일 비타민C를 복용하였지만 아이러니하게도 둘 다 암으로 사망했다. 비타민C가 연골과 관절, 피부 등에 콜라겐(collagen) 생성을 돕고 노화를 막아주는 역할을 하는 것은 분명하다. 과다 복용하더라도 대소변으로 배출된다는 것도 사실이지만 많이 먹을수록 설사나 신장결석 같은 부작용이 유발되므로 유의하는 게 좋겠다.

  우리 몸이 최고의 의사라는 말이 있다. 외부환경과 생물체내의 변화에 대응하여 체온 · pH · 삼투압 · 호르몬 분비 등 항상성(homeostasis)을 유지하려는 노력을 끊임없이 하기 때문이다. 잘못 알고 있는 질병상식을 바로 잡는 일은 그래서 매우 유익하다. 내 몸을 망가뜨리지 않는 가장 좋은 방법은 내 건강을 내 몸에 맡기는 일에서부터 출발해야 하지 않을까.

글 도우미 : **김상운**(한국)
방송기자 출신으로 MBC 논설위원실 실장을 맡고 있다.

놀라운 우리 몸의 비밀－식사와 술

우리 몸은 고도의 정밀한 자동기계보다 더 세밀하고 지능적이라고 말한다. 하지만 인체가 가진 굉장한 능력에 반해 약점은 없는 걸까? 뒤로 자빠져도 코가 깨지거나 접시에 빠져 죽는 의외성은 없는 걸까? 다소 황당한 질문들을 던지며 스스로 그 해답을 찾아 나선 '박학에 목숨 거는 사람들'의 이야기를 통해 식사와 관련한 우리 몸의 비밀을 밝혀 보자.

사람은 밥을 먹지 않고 얼마나 살 수 있을까? 밥과 같은 고형 음식물 없이 가장 오래 버틴 세계기록은 382일이다. 차와 커피 등 음료와 비타민제만으로 겨우 1년을 갓 넘긴 게 최고 기록이다. 중국 어민 열 명은 표류하는 배 안에서 골판지 상자와 빗물만으로 24일간을 버텼다. 골판지를 뜯어먹으며 그 속의 크실로오스(xylose)라는 목당(木糖)을 섭취한 것이 큰 보탬이 되었다. 필리핀 대지진 때 매몰된 한 남성은 물마저 없는 극한상황에서 상처 난 팔에서 흐르는 피를 핥아먹으며 14일 만에 구조되기도 했다. 인간이 생명을 유지하는 데는 체온유지와 수분섭취가 필수적이다. 체온이 너무 올라가면 에너지가 빨리 소비되고 너무 내려가면 아예 에너지를 만들지 못하기 때문이다. 또한 다른 먹을 게 없어도 물만으로 한 달 이상은 살 수 있다고 한다.

거꾸로 많이 먹으면 어떻게 될까? 옛날 일본에서는 농한기 때면 으레 '많이 먹기 대회'가 열렸다 그 중 몬도가네식 먹기대회도 여럿 있었는데, 간장을 두 되(3.6리터)나 마신 남자는 그 자리에서 급사했고, 참기름을 일곱 홉(1.3리터) 마신 남자는 설사를 계속 하다 사흘 만에 불귀의 객이 되고 말았다. 더 엽기적인 것으로 진흙을 스물일곱 밥공기 먹어치운 남자도 급사했으며, 개당 375g이나 되는 양초를 여덟 개 먹은 남자 역시 구토와 현기증을 일으키며 실신하고 말았다. 그렇다면 정상적인 음식으로 채울 수 있는 한계치는 얼마나 될까? 통상 위의 크기는 성인남성의 경우 1.4리터, 성인여성의 경우 1.2리터 정도이다. 배가 빵빵해질 때까지 먹는다면 각각 2.4리터, 2리터까지 늘어난다. 먹기대회에 출전하는 대식가(food fighter)들은 이보다 훨씬 많은 양을 먹어치운다. 하지만 위가 극도의 한계까지 늘어나면 소화활동이 불가능해지고 음식물은 소화되지 않은 채 장으로 보내지므로 결국 소화불량이나 설사 등의 증상을 호소하게 된다.

식사를 하고나면 땀을 흘리는 사람이 적지 않다. 땀까지는 아니라도 몸이 따뜻해지는 느낌은 누구나가 다 느낀다. 이는 소화관을 통해 영양소가 흡수되고 대사가 활발해지면서 열이 발생하기 때문이다. 간에서 처리될 때 당질의 경우 6%, 지방은 4%이지만 단백질은 섭취한 칼로리의 무려 30%에 해당하는 열량을 발생한다. 대개 열이 나는 시간대는 식후 2~3시간까지이며 30~90분 사이는 대사의 절정단계라서 열량이 가장 많은 시간대이다. 더운 날 식욕이 떨어지고, 반대로 추운 날 식욕이 당기는 것, 또 여름철에는 담백한 음식이 먹고 싶고, 겨울철에는 따뜻하고 기름진 음식이 먹고 싶어지는 것은 식사에 의한 체온조절 중추가 작동하기 때문이다.

맥주 10병을 단숨에 마시면 저세상으로 간다고? 그럴 가능성이 충분하다. 타고난 술꾼들이야 맥주 10병쯤이야 하겠지만 계속해서 원샷으로 퍼부으며 10병을 순식간에 비운다면 끔찍한 결과를 빚을 수도 있기 때문이다. 만취 정도는 알코올 혈중농도에 따라 1기에서 5기까지 분류하는데 0.05~0.1% 사이가 1기, 0.1~0.15% 사이가 2기이다. 이쯤이면 기분 좋은 상태이다. 그런데 농도가 늘어나 3, 4기를 거쳐 0.35~0.5%

인 5기에 달하면 혼수상태, 감각마비, 호흡마비 등의 증상이 나타나며 황천길로 가기도 한다. 도대체 5기에 도달하려면 술을 얼마나 마셔야 할까. 위스키로는 한 병, 맥주로는 대략 8병에서 10병 정도이니 알코올이 분해되는 시간을 무시한 채 원샷을 이어간다면 맥주 10병도 저승사자가 될 수 있는 것이다.

　알코올 분해는 간이 담당한다. 알코올데히드로게나제(ADH:알코올탈수소효소)라는 효소로 알코올을 물과 아세트알데히드(acetaldehyde)로 분해하는 것이다. 보통 술을 마시고 나서 약 1시간 후에 혈중 알코올 농도는 최고치에 달한다. 그때부터 산화가 시작되어 아세트알데히드의 혈중 농도가 더욱 높아지는 것은 술을 마신 후 5시간 정도 경과되었을 때의 일이다. 그러니 이때 두통이나 오한 등 숙취가 절정에 달하는 것이다. 개인차는 있겠지만 체중 60kg인 사람의 경우 1시간에 7g의 알코올을 분해한다. 이 계산대로라면 168g의 알코올을 섭취할 시 간은 알코올 분해만을 위해 24시간 풀가동하게 되는 셈이다. 부지런히 알코올을 지방으로 바꾸지만 에너지로 이용되지 못한 지방은 점점 축적되어 지방간이 되고 급기야 간경변으로 악화되고 만다. 통상 10년간 지속적으로 간을 혹사시킨다면 십중팔구 간경변에 걸리게 되며, 아무리 재생력이 뛰어난 간일지라도 한 번 간경변에 걸리게 되면 원상태로 되돌리는 것은 거의 불가능하므로 애주가들이여, 간 눈치도 좀 봐 가며 술을 마시자.

그런데 술을 잘 못하는 사람도 훈련만 하면 잘 마시게 될까? 술에 취하는 것은 아세트알데히드가 초산으로 바뀌고 다시 탄산가스와 물로 분해되는 과정 중 지연되는 분해로 인해 혈중에 쌓이게 되면서 두통이나 구토 증상을 보이는 현상이다. 아세트알데히드를 분해하는 효소 중 혈중농도가 높을 때 작용하는 것이 I형이고, 낮을 때 작용하는 것이 II형이다. 서양인들은 선천적으로 두 가지 형을 다 가지고 태어나지만 동양인들의 절반가량은 II형 효소를 가지고 있지 않다. 술을 조금만 마셔도 얼굴이 붉어지거나 속이 울렁거리는 것은 바로 이런 이유에서다. 두 가지 효소를 가진 타입이라면 훈련을 통해 효소의 양을 늘릴 수 있겠지만 II형 부재 타입은 제아무리 술 연습을 해본들 힘든 시간만 보내며 효과를 보지 못할 것이다. 젊어서부터 술을 잘하지 못했던 친구 L은 술자리를 자주 가지다 보니 술이 많이 늘었다고 자랑 아닌 자랑을 한다. 그는 I형, II형 두 가지를 다 가지고 있는 게 틀림없다.

인간은 신의 형상을 따라 만들어졌다고 한다. 그런데 그리스 로마 신화를 다 뒤져봐도 신들의 만찬은 눈에 별로 띄지 않는다. 술의 신인

박카스조차도 스스로 술을 즐기기보다 술을 다스리는 신에 가깝다. 왜 일까. 먹고 마시는 문제는 피조물들의 몫이라서 그 속에 생과 사, 희로 애락을 담아 두어 인간을 심판하려는 의도가 깔려있기 때문은 아닐까. 더욱이 오랜 기간 우리의 몸은 신의 심판에 대응하는 쪽으로 진화해 온 게 아닐까. 생체시계가 가지는 요소요소의 의외성은 신의 의도를 거부하려는 인체의 반작용이 낳은 결과가 아닐까 하는 생각을 해 본 다. 박학에 목숨 거는 사람들, '놀라운 우리 몸의 비밀'을 캐내려 하는 만큼 그들의 목숨이 위태롭지 않을까 살짝 걱정이 된다.

이러다보니 나로선 몹쓸 비밀을 캐내려하기 보다 지나침이 없도록 몸을 관리하는 쪽에 더 비중을 두고 싶다. 과유불급(過猶不及), 먹는 자리 에서건 마시는 자리에서건 스스로 몸조리를 하는 것이 내밀한 지식에 앞서는 생활의 지혜가 아닐까 싶다.

글 도우미 : 박학에 목숨 거는 사람들(일본)
인체의 가능성과 한계치를 규명하려는 일본의 과학연구 단체이다.

조선시대 왕들은
어떻게 병을 고쳤을까

500여년 조선왕조의 왕은 모두 27명이다. 그 중 최장수 왕은 83세까지 산 영조이고 최단명 왕은 17세의 어린 나이로 사사된 단종이다. 80을 넘긴 왕이 21대 영조 한 분인 반면 8대 예종과 24대 헌종은 20대 나이에 급사했다. 참고로 우리나라 역사상 최장수 왕은 누구일까? 고구려 유리왕의 손자이자 6대왕이었던 태조왕이 119세까지 살았다는 기록이 전해진다. 광개토왕의 아들이자 20대왕이었던 장수왕도 98세까지 살아 이름 그대로 장수왕이었다. 그렇다면 조선 왕들의 평균수명은 어땠을까. 안타깝게도 46세. 시쳇말로 새파란 나이에 대부분 이승을 하직한 것이다.

조선시대 일반 백성의 평균수명이 35세였으므로 10살 정도를 더 살았다. 하지만 당시에는 유교사상의 영향으로 지아비 목숨을 더 소중히

※ 조선시대 왕들의 수명

	왕명	출생~사망	수명
1	태조	1335~1408	74
2	정종	1357~1419	62
3	태종	1367~1422	56
4	세종	1397~1450	54
5	문종	1414~1452	38
6	단종	1441~1457	17
7	세조	1417~1468	52
8	예종	1450~1469	20
9	성종	1457~1494	38
10	연산군	1476~1506	31
11	중종	1488~1544	57
12	인종	1515~1545	31
13	명종	1534~1567	34
14	선조	1552~1608	57
15	광해군	1575~1641	67
16	인조	1595~1649	55
17	효종	1619~1659	41
18	현종	1641~1674	34
19	숙종	1661~1720	60
20	경종	1688~1724	37
21	영조	1694~1776	83
22	정조	1752~1800	49
23	순종	1790~1834	45
24	헌종	1827~1849	23
25	철종	1831~1863	33
26	고종	1852~1919	68
27	순종	1874~1926	53

여긴 탓에 남자들의 평균수명이 여자에 비해 5살 정도 높았으므로 동성(同姓)으로 비교해보면 겨우 여닐곱살 정도 더 산 셈이다. 2014년 현재 대한민국 국민의 평균수명이 82세(남자 78세, 여자 85세)에 이르고 있으니 오늘날에 비해선 반 토막 인생에 불과하다. 고대 왕조에서도 100세 넘게 산 왕이 있었던 걸로 봐서 모든 왕들이 건강하게 장수할 수도 있었을 것이다. 그러나 불행히도 목숨을 좌지우지했던 것은 창궐하는 각종 병을 제대로 고치지 못한 열악한 치료법에 그 원인이 있었다.

그렇다면 조선의 임금들을 괴롭힌 왕의 직업병 1위는 무엇이었을까. 일종의 종기인 등창이다. 이름 그대로 등에 잘생기고 목덜미, 엉덩이, 허리, 얼굴 등에도 국소적으로 생기는 고름 부스럼으로서 영어명으로는 Carbuncle, 한의학에서는 옹(癰), 절

(癤)이라고도 한다. 의학적으로 보면 원인균인 포도상 구균이 피하조직에 들어가 생기는데, 균이 피하조직을 따라 점점 퍼지며 심해지면 합병증인 패혈증이 전신으로 번져 뇌막염 등 여러 장기에 염증을 수반하면서 사망에 이르게 된다. 크기는 심할 경우 한 자(10.89m²)에 이르고 상처 넓이도 5~6치(16.5~20cm)나 되었다고 하니 드러눕는 것 자체도 큰 고역이었을 것이다. 세종을 필두로 중종, 문종, 성종, 효종, 현종, 정조 임금 등의 사망원인은 종기와 관련이 깊다.

조선 최고의 성군인 세종은 어려서부터 책읽기를 좋아했다. 체구도 커서 앉은 자세의 하체와 등 부위에 종기를 달고 살았다. 아들인 문종도 세자 시절부터 등창을 앓아 중신들이 퇴청한 이후에 의관들이 농을 짜냈다는 기록이 남아있다. 성종은 배꼽 밑에 난 종기를 다스리지 못해 죽었다. 효종은 오른쪽 귀 밑에 난 종기에 고약을 붙이고도 효험이 없자 침을 맞았는데 혈맥을 잘못 찔러 침구멍으로 피가 엄청나게 흘러나와 죽었다고 한다. 정조는 허리에 난 작은 종기가 등과 목 뒷덜미까지 번지는 통에 고통 속에 사망했다.

왕들이 이랬으니 일반 백성이야 오죽했을까. 조선 전기에는 종기만 전문으로 치료하는 치종청(治腫廳)이란 관청을 두었고, 임언국이

1600년경 〈치종지남(治腫指南)〉을 저술하여 종기에 대한 한방치료법을 집대성하였다. 종기 치료에는 피침(鈹鍼)을 사용하였는데, 길이가 4촌(=13.3cm)에 너비도 2촌(=6.6cm)으로 요즘의 수술용 칼과 흡사하여 농을 째는 데 편리하였다. 현종~숙종 때의 백광현은 침으로 종기를 절개하여 독을 제거한 후 뿌리를 뽑는 치료법을 시행하여 숙종실록에서는 그를 종기의 신의(神醫)로 칭송하기도 했지만, 1905년 이명래 고약이 나오고 해방 이후 항생제가 보급되기 전까지 종기는 고통을 안겨주고 목숨마저 앗아가는 무서운 병이었다.

그렇다면 왕들의 건강검진은 어떻게 했을까. 가장 기본적인 방법으로 대변상태를 살폈다. 왕들은 화장실을 오가는 게 아니라 매화향기가 난다는 뜻의 '매화(梅花)틀' 또는 '매우(梅雨)틀'이라는 이동식 좌변기, 즉 요강에다 용변을 보았다. 여기서 매(梅:매화열매)는 대변, 우(雨:비)는 소변을 가리킨다. 나무틀 아래에 있는 놋쇠 변기통 안에 왕의 배설물을 담당하는 복이나인이 잘게 썬 여물(매추:梅蒭)과 나무 재(매회:梅灰)를 미리 뿌려두면 거기에 볼일을 보았던 것이다. 볼일이 끝나면 나인이 매추나 매회를 다시 뿌린 후 변기통을 궁중의 내의원에 갖다 준다. 그러면 왕이 배설한 대소변의 형태와 색깔, 냄새 등을 체크하고 심지어는 맛을 보기까지 하였다. 진정코 매화향기는 아니었을테니 말 못할 고역이었을 게다.

대변은 먹는 음식물이나 질병에 따라 색깔이 달라진다. 육식을 하면 흑갈색, 식물성 음식을 많이 먹으면 연록색을 띤다. 검은 색으로 타르 같은 변이면 궤양으로 인한 출혈이나 장염을 의심해봐야 하고 선홍색 피가 묻었으면 치질을 비롯한 항문질환이나 직장암을, 흰색의 묽은 변이면 간염이나 담석증을 비롯한 간/담낭 질환 또는 장 흡수력 저하를 의심할 수 있다. 대변의 경도는 장운동 상태에 따라 달라지는데, 연동 운동이 약하면 딱딱해지고 심하게 항진되면 묽어지거나 설사가 난다. 점액이 섞여 나오거나 토끼 똥처럼 환약 같은 똥이 나온다면 스트레스 에 의한 과민성대장염일 확률이 높다. 대변이 비정상으로 밝혀지면 우 선적으로 식단을 변경하고 몸 상태를 살펴 탕약 처방을 내리기도 했다 한다.

왕들이 병을 고치는 방법으로 가장 즐긴 것은 온천욕이었다. 개국 초기의 태조 정종 태종 세종 등은 온천을 매우 중요시 여겼는데, 세종 은 온천을 해서 눈병이 낫자 온수현을 온양군으로 승격시키고 어의인 노중례에게 명하여 박생후라는 관리를 온양에 파견, 온천의 의학적 효 과를 연구하도록 했다.

온양 온천은 유리탄산가스를 많이 함유한 탄산천이다. 모세혈관을 확장시켜 혈액순환을 잘되게 하고 심장의 부담을 가볍게 해 주므로 고혈압, 심장병, 피로회복에 효과적이다.

유리탄산, 식염, 중조 등을 골고루 조금씩 함유한 단순천은 신경통, 류머티즘, 운동기능장애, 병후회복, 불면증, 신경쇠약, 부인병 등 여러 가지 질병에 폭넓게 쓰인다. 수안보, 덕산, 동래 온천이 여기에 속한다.

식염천은 염분이 피부에 붙어 땀을 증발을 막으므로 목욕 후에도 몸이 따뜻해지는 보온효과가 뛰어나 겨울온천으로 좋다. 신장병이나 심장병으로 몸이 붓는 환자나 고혈압에는 마땅치 않다. 해운대, 동래, 마금산 온천이 여기에 속한다.

중조천은 알칼리 온천으로 피부병, 신경통, 류머티즘, 변비, 당뇨에 좋으며 요산의 배출을 촉진하기 때문에 통풍에 효과가 있다. 마금산, 오색 온천이 대표적이다.

유황천은 해독, 살균, 항알레르기 작용이 있어서 피부병에 좋으며 진통작용도 있어서 만성 관절염, 류머티즘에 효과적이다. 그러나 병약하거나 피부가 과민한 사람에겐 좋지 않다. 도고, 백암, 수안보, 부곡 온천이 이에 속한다.

라돈천으로도 불리는 방사능천은 신경계 기능을 조절하여 자율신경 기능을 정상화시킨다. 위장병과 산업성 중독의 치료에 좋으나 피부에 자극적이므로 민감성 피부에는 주의를 요한다. 유성, 덕산, 해운대, 백암 온천이 이에 속한다.

온천욕은 몸 상태에 따라 물의 온도와 목욕시간을 달리해야 효과적인데, 관절염, 피부염, 신경염, 신경통, 부인병은 40℃를 조금 넘는 따뜻한 물에 하는 게 좋고, 혈압이 높거나 심장이 약한 사람은 미지근한 물에 하는 게 좋다. 미지근한 물로 시작하여 차츰 온도를 높이고 입욕시간도 처음에는 짧게 하다가 점차 늘리는 게 좋다. 온천은 물의 성분이 피부로 스며드는 특성상 급성 폐렴, 급성 기관지염, 급성 중이염, 감기 등 모든 질병의 급성기에는 삼가는 것이 좋다. 또한 고름이 생기는 병, 전염병, 정신병, 각종 암성 질병, 결핵, 출혈성 질환에는 온천 치료가 맞지 않다. 고혈압, 동맥경화, 위궤양, 십이지장궤양 등이 심할 경우에도 피하는 게 좋다.

질병이 없다고 하더라도 무조건 온천이 좋은 것만은 아니다. 식사 후 1시간 정도 지나서 하는 것이 가장 좋으므로 식전 또는 허기진 때, 식후 바로 하는 것은 삼가야 한다. 술을 마셨거나 주사를 맞은 직후, 너무 피곤하거나 흥분상태에서 하는 것도 바람직하지 않다. 목욕시간은 10~20분 정도가 좋으며 고혈압이나 심장병, 허약체질은 10분 이내에 끝내는 게 좋다.

18대 왕이었던 현종은 한 달 간의 온양온천으로 눈병과 피부병이 호전되자 온천행차에 재미를 붙였다. 왕이 대궐 밖 행차를 하게 되면 수행관료와 호위병 등 5천명 안팎의 대인원이 동원되는데, 이에 부담을 느낀 현종은 급기야 온천수를 대궐 안으로 반입하는 온천욕 매니아가 되었지만 대궐 밖 온천에 비해 효과가 덜했다고 한다. 아마 온천 자체의 효과야 당연했겠지만 골치 아픈 정사를 벗어나 휴식을 취하는 것이 시너지 효과를 냈기 때문이 아닐까 싶다. 입욕료 6천원으로 호사를 누리고 있는 현대인들을 조선의 왕들이 보게 된다면 당장이라도 왕관을 벗어던지려 하지 않았을까. 왕 노릇하기 힘든 세상, 질병에서라도 해방될 수 있다면야 그깟 왕관이 무슨 대수일꼬!

글 도우미 : **정지천**(한국)
동국한방병원장을 역임하고 동국대 한의대 내과 교수로 재직 중이다.

병 안 걸리고 사는 법

친구 H로부터 부친상을 당했다는 전갈을 받았다. 멀리 부산까지 문상 가는 기찻길에 가지고 간 책 중에서 그날따라 비가 뿌려 착잡한 심경으로 이 책을 펼쳐 보았다.

'미러클 엔자임(Miracle Enzyme; 기적의 효소)이 수명을 결정한다.'고 주창하는 저자 신야 히로미 박사는 세계 최고 권위의 위장 전문 외과의사이다. 고 레이건 대통령의 주치의였고, 세계 최초로 대장내시경 삽입법을 고안하여 폴립(Polyp:용종) 절제에 성공한 공로로 미국 위장내시경 학회 최고상을 수상하기도 했다. 수십 년간 30만 명 이상의 위장을 들여다 본 그가 내린 결론이 바로 '올바른 식습관을 통해 미러클 엔자임을 보충하는 것이야말로 무병장수의 비결'이라는 것이다.

사람 얼굴의 인상(人相)처럼 위장에도 위상(胃相)과 장상(腸相)이 있다. 인상으로 그 사람의 성격을 짐작하듯이 위상 장상으로 그 사람의 건강 상태를 알 수 있다. 건강한 사람의 위는 무척 아름답다. 점막이 균일한 핑크빛이며 점액이 투명하여 매끄러운 표면이 반짝반짝 빛난다. 장도 마찬가지로 아주 부드럽고 크며 균등한 주름을 보인다. 이처럼 깨끗하던 위장이 세월이 흐르면서 좋지 않은 식사와 생활 습관에 의해 건강이 나빠지면 위벽이 울퉁불퉁해지고 장벽이 두껍고 딱딱해지고 만다. 특히 장에서는 게실(주머니 모양으로 움푹 파이는 현상)이나 주름 사이에 쌓인 숙변을 통해 독소가 발생해서 세포의 유전자 변이를 일으켜 폴립을 만든다. 이것이 자라서 암으로 진행되는 것이다. 장상의 악화는 국소부위로만 그치지 않고 고혈압, 동맥경화, 심장병, 비만, 유방암, 자궁근종, 전립선암, 당뇨 등 온갖 생활습관병을 일으키기도 한다.

여러 임상 데이터를 수집하면서 발견한 키워드가 '엔자임'이다. 우리말로 효소로 번역되는 엔자임은 '생물의 세포 내에서 만들어지는 단백질성 촉매의 총칭'이다. 쉽게 말해 생물이 살아가기 위해 필요한 모든 활동을 가능하게 하는 것인데, 동식물을 가리지 않고 생명이 있는 곳에는 반드시 엔자임이 존재한다. 싹이 나고 자랄 때나 인간의 생명활동, 즉 소화흡수, 신진대사, 해독 등 엔자임의 양과 활성도가 그 생물의 건강상태의 척도가 되는 것이다. 인체에 작용하는 엔자임의 수는 5천종 이상으로 밝혀져 있으며 장내 세포가 만들어내는 것이 약 3천종을 차지한다. 위상 장상이 좋은 사람의 공통점은 엔자임이 풍부한 식사를 주로 한다는 점이다. 반면에 나쁜 사람의 공통점은 엔자임을 소모하는 습관, 즉 음주, 흡연, 과식, 첨가물함유식사, 스트레스, 약품복용 등 엔자임을 대량 소비하는 생활패턴에 빠져있다는 것이다.

엔자임의 종류가 5천 가지가 넘는 것은 하나의 엔자임이 단 하나의 작용만 하기 때문이다. 예를 들어 침 속의 아밀라아제는 전분에만 반응하며 위액 속의 펩신은 단백질에만 반응한다. 음식물 속의 효소는 소화 과정에서 펩티드나 아미노산의 형태로 분해 흡수되는데, 엔자임이 풍부한 식사를 하는 사람은 흡수 정도와는 상관없이 바디 엔자임(체내 효소)도 풍부해 진다. 또한 과음한 뒤 간에서 알코올분해효소가 대량으로 사용될 때 위장에선 소화흡수에 필요한 엔자임이 부족해진다는 사실에서 특정 부위에서 특정 엔자임이 대량 소비되는 만큼 다른 부위의 필요 엔자임이 상대적으로 부족해 질 거라는 가설을 내세운다. 여기서 수천 종의 엔자임이 제각각 만들어지는 게 아니라 원형이 되는 엔자임이 먼저 만들어지고 나서 그것이 변환되어 필요한 곳에서 쓰이는 게 아닌가 하는 '미러클 엔자임' 가설을 탄생시킨 것이다.

이처럼 미러클 엔자임은 모든 엔자임의 원형(原型)인데, 이를 대량 소모하는 대표적인 악당으로 항암제를 꼽는다. 항암제는 체내에 들어오면 대량의 활성산소(Free radical)를 뿜어댄다. 맹독성 항암제는 암세포뿐만 아니라 정상세포도 죽여 또 다른 발암제 역할을 하기도 한다. 우리 몸은 항상성(정상상태를 유지하려는 성질)을 지니고 있어 독성이 강한 활성산소가 대량으로 발생하면 몸속의 엔자임은 막대한 양을 해독에 투입한다. 이럴 경우 소화 엔자임이 부족해져 식욕이 떨어지고, 대사 엔자임도 부족해져 머리카락이 빠지는 등 총체적인 엔자임 결핍 현상이 나타나는 것이다.

환자식으로 나오는 죽도 문제이다. 먹기 편한 유동음식으로 많이 애용되지만 죽은 제대로 씹지 않고 삼키는 엔자임 결핍 식사에 불과하다. 신야 교수는 위장 수술을 받은 환자에게 죽을 내놓는 법이 없다. 보통식을 70회 정도 꼭꼭 씹어 먹으면 음식물이 엔자임과 잘 섞여져 오히려 죽보다 소화흡수가 잘되기 때문이다.

병원식사로 내놓는 우유도 큰 문제이다. 우유에 함유된 단백질의 약 80%를 차지하는 카제인은 위에 들어가면 바로 굳어져 소화를 방해한다. 뿐만 아니라 짜낸 우유의 지방분을 균질화 시키는 과정에 공기가 섞여 유지방분이 과산화지질이 된다. 이렇게 산화된 지방을 고온(엔자임은 섭씨 48~115℃ 사이의 온도에서 사멸됨)에서 살균 처리하여 상품화한 시판 우유는 어떤 의미에서는 최악의 식품이랄 수 있다. 시판 중인 우유를 새끼소에게 먹이면 건강한 새끼소도 4~5일 후에 죽어버리는 사실이 이를 증명한다. 우유는 우리 몸의 혈중칼슘농도(통상 9~10mg/100cc로 일정함)를 급격히 상승시켜 정상치를 초과한 칼슘을 오히려 소변으로 배출시키는 역효과도 낸다. 세계 4대 낙농국인 미국, 스웨덴, 덴마크, 핀란드에서 고관절 골절과 골다공증이 많은 이유가 바로 여기에 있다.

요구르트에도 일침을 가한다. 대부분 사람들은 매일 요구르트를 먹으면 장에 좋다고 여긴다. 그러나 임상 현장에선 요구르트를 매일 먹은 사람의 장상이 결코 좋지 않았다. 장에 도달하기 전에 위산에 의해 거의 죽기도 하거니와, 장까지 도달한 유산균일지라도 장 속의 터줏대감인 상재균(常在菌)의 방어 시스템에 걸려 살균되는 것으로 의심되기 때문이다. 그렇다면 요구르트 효과를 보았다고 믿게 되는 이유는 뭘까? 유제품인 요구르트에 많이 함유된 젖당에서 찾을 수 있다. 갓난아기 때와는 달리 나이가 들수록 젖당분해효소인 락타아제가 부족해져서 소화되지 못한 젖당이 가벼운 설사를 유발한다. 이를 보고 유산균 덕분에 장 청소를 했다는 착각에 빠지는 것이다. 요구르트를 즐기

는 사람의 대변이나 방귀 냄새가 독해져 있다면 장내 환경이 나빠진
증거이다.

몸에 좋다는 우유와 요구르트가 이 지경이니 도대체 뭘 먹으란 말
인가? 신야 교수는 자신의 이름을 딴 '신야 식사건강법'을 다음과 같
이 요약하여 제시한다.

1. 식물식과 동물식의 균형을 85:15로 맞출 것

2. 곡물 50%, 채소나 과일 35~40%, 동물식 10~15%로 할 것

3. 곡물은 정제하지 않은 것을 선택할 것

4. 동물식은 사람보다 체온이 낮은 생선류로 할 것

5. 신선한 식품을 되도록 자연 상태 그대로 먹을 것

6. 우유 유제품은 되도록 먹지 말 것

7. 마가린이나 튀김은 삼갈 것

8. 꼭꼭 씹고 적게 먹을 것

첫째, '식물 85 : 동물 15'의 균형식 처방은 치아구조에서 근거를 찾
는다. 32개의 이빨 중 식물을 먹기 위한 앞니가 2쌍, 어금니가 5쌍인
데 반해 고기를 먹기 위한 송곳니는 1쌍에 불과하다는 거다. 7 대 1
의 비율을 퍼센트로 환산하면 정확히 이 비율이 나오는데 동일 비율

대로 섭취하는 것이 가장 바람직하다는 것이다. 모든 동물의 치아구조는 먹기 편하도록 진화해왔다. 인간의 유전자와 98.7%가 일치하는 침팬지의 식사 비율을 보면 95~96%가 식물성이다. 과일이 50%, 나무 열매나 감자류가 45~46%, 나머지 4~5%만이 개미 등의 곤충을 중심으로 한 동물식이다. 침팬지의 위장을 내시경으로 관찰해 보니 사람과 분간하기 힘들 정도로 비슷했으며 무엇보다 놀라운 것은 위장이 너무도 깨끗하였다는 사실이다. 인간 유전자에 걸맞는, 균형잡힌 식사를 하다보면 인간의 위장도 그처럼 깨끗해질 거란 생각이 든다.

둘째, 백미 대신 현미에다 납작보리, 조, 수수, 피, 메밀, 율무, 키누아(안데스 원산 곡물로 전분과 단백질, 철, 칼슘, 섬유질이 풍부함) 등 잡곡 중에서 다섯 종류를 섞어 먹으면 탄수화물로 인한 비만을 걱정할 필요가 없고 몸에 좋은 영양소를 골고루 섭취할 수 있다는 것이다. 백미는 아무리 맛이 좋아도 영양소가 현미의 4분의 1에도 못 미친다. 빵이나 파스타 등을 먹을 때도 전립소맥분(정제하지 않은 밀가루)을 사용한 것으로 골라 먹는 게 좋겠다.

셋째, 단백질의 일일필요량은 체중 1kg당 약 1g이다. 우리나라의 경우 2001년 기준 1인당 89g으로 일본의 85g보다 높고 미국인의 섭취량과 맞먹었다. 과잉 섭취된 단백질은 결국 소변으로 배출되는데 이 과정에서 소화 엔자임에 의해 아미노산으로, 또 다시 간장에서 분해되어 혈액으로 흘러든다. 그러면 혈액이 산성을 띠게 되어 이를 중화시키기 위해 뼈나 치아에서 다량의 칼슘이 빠져나온다. 한편 사람보다 체온이 높은 동물(소나 돼지는 38.5~40℃, 닭은 41.5℃)들의 지방은 자신의 체온에서 가장 안정된 상태를 유지하게 된다. 그런데 이보다 낮은 사람(체온 36.5℃)의 몸속에 들어오면 끈적끈적하게 굳어져 버리는 것이다. 반면에 사람보다 체온이 낮은 변온동물인 어류의 지방은 체내에 들어오더라도 혈액의 점성(viscosity; 내부마찰)을 낮춰 나쁜 콜레스테롤(HDL) 수치를 낮춰주는 효과를 발휘한다.

넷째, 신선식품이 몸에 좋은 이유는 엔자임이 풍부할 뿐만 아니라 산화되지 않았기 때문이다. 산화가 진행된 오래된 음식을 먹으면 유해활성산소가 발생되는데 이를 중화시키는 항산화물질인 SOD(Superoxide Dismustase)라는 엔자임이 작동한다. 그런데 나이 40이 넘으면 이 수치가 급격히 감소한다. 생활습관병의 발병이 40대 이후에 많은 이유가 여기에 있다고 주장하는 학자도 있다.

다섯째, 마가린과 튀김음식을 경계해야 하는 이유는 가장 산화하기 쉬운 식품이 기름(지방)이라는 점 때문이다. 원래 식물성 기름은 상온에서 액체 상태이다. 그런데 마가린은 수소를 첨가해 인공적으로 불포화지방산을 포화지방산으로 바꾼 것이다. 마가린과 맞먹을 정도로 트랜스지방산을 다량 함유한 것이 '쇼트닝'이다. 시판 중인 쿠키나 스낵류, 패스트푸드인 프렌치후라이 등을 삼가야할 이유이다. 더구나 기름으로 조리한 것은 산화가 매우 빨리 진행되므로 오래된 튀김음식은 눈 딱 감고 쓰레기통에 버리는 게 상책이다.

여섯째, 사람의 장 벽이 흡수할 수 있는 물질의 크기는 15미크론(1천분의 14mm)으로 이보다 큰 덩어리는 흡수되지 않고 배설된다. 이 때문에 잘 씹지 않으면 10을 먹고도 3 정도밖에 흡수하지 못한다. 먹을 때마다 35~40회 정도 꼭꼭 씹어 먹으면 침의 분비가 활발해져 소화를 원활하게 돕고 날고기일 경우 기생충을 죽이는 효과가 있다. 소화 엔자임 절약효과도 있어서 해독이나 에너지 공급 등 몸의 항상성 유지에 사용되는 엔자임을 비축하는 효과가 무병장수로 이어진다. 또한 소식(小食)을 하게 되면 먹은 것이 거의 깨끗하게 소화 흡수되어 여분의 물질에 의한 독소 발생이 없어진다. 해독 엔자임 절약효과가 높아져서 건강에 더욱 도움을 주게 되는 것이다.

　　친구H의 아버님은 84세로 돌아가셨다. 어머님이 어깨를 주물러주
는 사이 편안하게 눈을 감으셨다 한다. 호상(好喪)이다. 그러나 더 오래,
더 건강하게 살기를 바라는 게 보통 사람들의 욕심인가 보다. 병 안
걸리고 오래 사는 법, 살아있는 모든 자를 위한 축문(祝文)이 아닐까.

글 도우미 : **신야 히로미**(1935년생/일본)
세계 최초로 대장내시경 삽입법을 개발한 위장 분야 최고의 의사이다.

생명의 신비, 호르몬

호르몬이란 'Hormao(자극하다, 일깨우다)'라는 그리스어에서 유래한다. 말 그대로 정신과 신체의 균형, 즉 Homeostasis(항상성)을 유지하기 위해 신체 구석구석에 정보를 전달하고 자극하는 화학물질이다. 약 80종의 체내 호르몬이 뇌를 비롯하여 부신, 소화관, 성기 등 내분비선이라 불리는 7개의 장기 외에 혈관이나 세포로부터도 분비된다.

예를 들어 더운 여름날 체온이 올라가면 땀구멍이 열리고, 땀을 흘리면 체온이 내려가 체온이 일정하게 유지되는 원리이다. 독감에 걸릴 경우에도 열이 나거나 두통이 생기는 증상을 보이면서 원래의 몸 상태로 돌아가려고 한다. 생체의 항상성을 유지하려는 이러한 방어 전술은 모두 호르몬 법칙에 의해 제어된다. 호르몬 법칙은 내분비계의 호르몬, 신경계의 신경전달물질, 면역계의 사이토카인(Cytokine; 세포의 작용을 조절하는 저분자량의 단백질로서 세포 간의 정보전달물질), 이 세 가지 계통에서 작용한다.

땀샘, 침샘 등 외분비선과 달리 혈액이나 림프액 속으로 직접 분비하는 내분비 호르몬으로 갑상선 호르몬이나 성호르몬 등이 있다. 이들은 단백 아미노산이나 콜레스테롤 등을 원료로 삼는데, 단백질에는 방대한 정보를 저장할 수 있는 특징이 있다. 스트레스나 질병 등 몸 안팎의 변화를 재빨리 감지하고 뇌로 전달하는 신경전달물질은 문자 그대로 뇌신경 간에 정보를 전달하는 메신저 역할을 한다. 엔돌핀, 도파민 등 뇌내 호르몬이 유/불쾌, 희로애락 등 갖가지 감정을 만들어 내고 있는 것이다. 사이토카인은 내분비계 호르몬과 유사하지만 면역세포에서 분비되어 면역체계를 움직인다는 차이점이 있다. 주된 것으로 인터로이킨, 인터페론 등의 물질이 있다.

이렇게 생체유지에 필요한 정보 전달을 위해 분비되는 호르몬은 크게 5가지 역할을 한다. 1.성장과 발육, 2.생식과 미용, 3.환경에의 적응, 4.에너지 생성 및 저장, 5.정동(精動: 일시적으로 치솟는 감정)과 지성. 요컨대 인간이 매일매일 건강하게 살아가기 위해 없어서는 안 될 귀중한 화학물질인 것이다.

그런데 오염된 환경이 호르몬 이상(異狀)을 유발하고 있다. 1992년 덴마크의 한 과학자가 1938~1990년 약 50년 사이 전 세계 남성의 정자 수가 절반으로 감소했다는 충격적인 발표를 했다. 각종 대기오염과 인공 호르몬물질이 원인이라는 분석이다. 지금까지 대기 중에 방출된 화학물질은 무려 10만 이상의 종류에, 그 양도 연간 1억 톤을 헤아린다. 쓰레기 소각 시 대량 발생되는 다이옥신은 생식 호르몬에 치명적이어서 여성에겐 난소 호르몬 이상을, 남성에겐 정자 수 격감을 초래하고 있다.

유해 화학물질은 무방비로 우리의 생활전선에 노출되고 있다. 주택 건축자재에서부터 밥상에 오르는 반찬들까지. 식용유에 들어있는 인공 호르몬물질을 감안하면 하루라도 이것들을 섭취하지 않는 사람이 단 한 명도 없을 것 같다. 이런 물질들이 몸 안으로 들어오면 점진적으로 호르몬의 균형이 깨진다. 호르몬 불균형은 불임, 성이상(性異狀), 치매, 우울증, 식욕부진, 성격이상(性格異狀) 등 신체적 정신적 질병을 야기한다.

호르몬 질병에 시달린 대표적인 지도자로 미국 케네디 전 대통령을 꼽을 수 있다. 전형적인 애디슨병(Addison's disease)을 앓고 있었는데, 부신피질호르몬이 부족하여 생기는 병이다. 스트레스로부터 지켜주는 이 호르몬이 부족하면 쉬 피로해지고 스트레스에 약해짐은 물론 식욕도 없어지고 심하면 구토를 하게 된다. 반면에 일본 다나카 전 수상은 파제트병(Peget's disease)을 앓았다. 이는 갑상선 호르몬이 지나치게 분비되는 대표적인 갑상선 질환인데, 이런 갑상선 기능항진은 급한 성격, 급작행동으로 나타난다. 다나카 수상의 재임 당시 왕성한 행동력은 바로 파제트병에 기인했다는 분석이다.

사람은 호르몬의 힘으로 사랑하게 되고 정신력을 발휘하게 되며 급기야 성공도 손에 넣는다는 말이 있다. 이제부턴 호르몬을 제대로 이용하는 방법들을 살펴보겠다. 무엇보다도 호르몬 활성 3S, 즉 Sunshine(햇빛), Sleep(수면), Sound(음악)를 제대로 이해하고 실천하는 것이 중요하다. 우리의 신체 리듬이라 할 수 있는 체내 시계는 눈의 바로 뒤편에 있는 시교차상핵(SCN) 신경세포가 12시간마다 On/off 작동을 하는데, 낮에 햇볕을 듬뿍 쬐지 못했거나 밤에 제대로 잠을 자지 못했다면 체내시계에 이상이 생기고 만다. 햇볕을 충분히 쬐지 못했을 때 세로토닌의 분비가 감소하여 우울증을 일으키는 경우가 그런 예 중의 하나이다. 놀랍게도 어두워지기 시작하면 세로토닌은 저절로 활동을 멈추고 같은 뇌내 호르몬인 멜라토닌과 바통 터치를 한다. 멜라토닌은 기분 좋은 잠을 유도하며 노화를 지연시키고 면역력을 높이는 작용을 하다 보니 숙면 역시 호르몬 균형에 기여하는 바가 커진다. 한편 호르몬 분비의 사령탑 격인 뇌의 시상하부는 긴장을 푼 편안함을 좋아한다. 음악, 특히 클래식은 감각중추를 통해 몸에 좋은 호르몬을 맘껏 분비하게 만드는 자양분 역할을 한다. 실제 음악을 듣게 되면 잠과 휴식을 부르는 세로토닌이나 기쁨의 호르몬인 도파민이 대량 분비됨을 확인할 수 있다.

기억력을 향상시키는 부신피질 자극호르몬(ACTH; adrenocorticotropic hormone). 이는 아침 4~9시 사이에 가장 많이 분비되므로 이 황금시간대에 공부하는 것이 밤 시간대보다 2배가량 학습효과를 낸다. 단기적인 기억력과 직관력을 최대로 올리려면 당연히 이 시간대를 활용하는 것이 좋다.

한편 장기기억에 위력을 발휘하는 호르몬은 항이뇨호르몬(바소프레신)이다. 평소 눈과 귀를 통해 들어오는 방대한 정보의 99%는 잊어버리게 된다 한다. 그 비율을 낮추려면 체내 바소프레신을 활성화시켜야 하는데 수분섭취량을 억제하는 것이 무엇보다 중요하다. 체내 수분량은 바소프레신 분비량과 반비례하기 때문이다. 그러므로 공부하면서 커피, 콜라 따위를 마시는 것은 일시적인 각성효과를 줄 뿐 스스로 기억력을 저하시키는 꼴이 되고 만다. 이럴 땐 마음의 긴장을 풀어주며

바소프레신 분비도 촉진해 주는 따뜻한 물에 목욕하기가 최선의 상책
일 것이다.

어류에는 없고 진화된 포유류에서만 보이는 도파민은 창조력을 발
휘하는 신경전달물질이다. 많은 양의 도파민을 내보내는 시상하부의
A10신경을 활성화하려면 잡념을 없애고 즐겁고도 기쁜 상태에 놓여
있어야 한다. 여기에 술이나 담배, 차 등 기호식품이 시너지 효과를 나
타내지만 지나치면 중독의 위험에 빠질 수 있으므로 주의해야 한다.

의욕상실은 갑상선 자극호르몬 방출호르몬(TRH; thyrotropin-releasing
hormone)의 활동이 최저 수준으로 떨어져 있음을 방증하는 것이다. 칭찬
이 돌고래를 춤추게 하듯 TRH 역시 칭찬에 민감하게 반응한다. 남들
이 해주는 칭찬과 함께 스스로 챙기는 길은 충분한 수면이 최상이다.

한편 아드레날린은 중압감을 느낄 때 유독 많이 분비된다. 아드레
날린이 분비되면 에너지의 원천인 포도당이 단번에 증가함과 동시
에 자율신경을 각성시켜 투지를 돋워 준다. 배구선수들이 중간중간
파이팅 포즈를 취하는 것은 모두 이 때문이다. 긴장하면 금세 분비
되지만 매우 빨리 없어진다는 특징 때문에 자주 파이팅을 외쳐야 하

는 것도 잊지 말아야 한다. 하지만 하찮은 일로 자주 화를 내거나 초조해 하면 그것이 혈압을 상승시키고 뇌와 심장에 과도한 부담을 주게 되니 그때그때 잘 조절해야 한다.

이밖에 명상, 기공 같은 이미지요법을 통해 호흡, 자세, 마음 3가지 요소를 다듬다 보면 혈관 활성 장 펩티드(VIP)라는 장뇌 호르몬의 분비가 왕성해짐은 물론 뇌파를 알파파 상태로 바꾸거나 우리 몸속의 Natural Killer Cell을 활성화시켜 암의 진행을 막는 효과도 거둘 수 있다. 인도에선 명상 수련 때 대개 향을 피우는데, 이는 엔돌핀 같은 뇌내 호르몬의 분비를 촉진하여 고통을 완화하고 쾌감을 주어서이다. 또한 두피 마사지를 받거나 스킨십을 주고받으면 머리가 맑아지고 기분이 상쾌해진다. 이는 기분 좋은 자극에 의해 뇌의 시상하부에서 호르몬이 활발히 분비되어서이다.

'사랑은 회춘의 묘약'이라는 말이 있다. 이성과의 만남이나 남편의 가사 돕기는 길게 봐서 노화를 지연시키고 치매를 예방하는 효과가 탁월하다. 이성과의 사랑은 DHEA(Dehydroepiandrosterone)나 테스토스테론 같은 생식 호르몬을 많이 분비시켜 심리적 안정과 함께 노화지연에 도움을 준다. 집안일 같은 가벼운 노동 역시 근육을 지배하는 신경을 활발히 만들어 시상하부를 경유하여 다양한 호르몬의 분비를 촉진한다. 즉 신경말초에서는 노르아드레날린이, 부신수질에서는 아드레날린이, 부신피질에서는 코르티솔이 분비된다. 이 호르몬들은 뇌를 각성시키고 숙면을 유도해 준다.

최근 발표에 의하면 우리나라가 정년퇴임 후에도 가장 일을 많이 하는 나라로 밝혀졌다. 달리 표현하면 삶의 질이 최악이라는 뜻이다. 이러다보니 전철 안에 시너로 불을 지른 70대 노인처럼 개인적 불만과 분노를 지닌 사회구성원들도 생겨난다. 인간의 희로애락에 관여하는 신비의 물질 호르몬 편을 정리하다보니, 새삼 세대 전반에 걸쳐 호르몬 균형이 절실함을 느낀다. 인간을 인간답게 하는 호르몬, 그 조절 열쇠는 바로 우리 스스로가 쥐고 있다.

글 도우미 : **데무라 히로시**(1934년생/일본)
도쿄여자의과대학 교수를 거쳐 니시신주쿠플라자클리닉 명예원장으로 재직 중이다.

"내가 먹는 음식이
바로 나다."

I am just what I eat

제2부　밥이 되는 식품 이야기

식품이 호르몬을 좌우한다.

평소에 어떤 음식을 섭취하느냐에 따라 건강이 나빠지거나 좋아진다. 호르몬의 분비에서도 마찬가지이다. 환경오염이나 식품첨가물 등 현대는 식생활 환경이 매우 열악한데, 호르몬의 입장에서 보면 호·불호가 명확하다. 우선 식사패턴의 3가지 기본요소부터 살펴볼까 한다.

첫째 규칙적인 식사가 중요하다. 식사를 하면 체내 혈당치가 올라가고 이를 낮추기 위해 췌장에서 인슐린이 분비된다. 그런데 한 끼를 거르고 난 다음 폭식을 한다면 급격히 올라간 혈당치를 내리기 위해 인슐린이 다량 분비되어 저혈당 상태에 빠지기 쉽다. 둘째 긴장상태로 식사하지 말아야 한다. 초조하면 교감신경이 긴장하여 심장박동 수가 부쩍 올라가고 땀이 난다. 이런 스트레스로 반응으로 작용하는 부신피질 자극호르몬 방출호르몬(CRH; corticotropin-releasing hormone)은 식욕을 억제한다. 조급함도 마찬가지라서 아침식사는 최소 40분 전에 일어나 가벼운 운동 후 하는 게 바람직하다. 셋째 즐거운 기분으로 식사하라는 것이다. 밝은 기분으로 식사할 때 위액이나 쓸개즙, 췌액 분비가 좋아져 소화 관련 호르몬의 작용까지 상승하기 때문이다.

　현대사회는 스트레스로 가득하다. 부신의 기능이 저하되면 스트레스를 견디는 호르몬이 제대로 분비되지 못해 만성피로 식욕감퇴에 시달리게 된다. 부신기능 저하 환자의 가장 큰 특징은 영양의 편중이다. 칼로리는 높지만 영양가가 부족한 정크푸드, 커피, 알코올 등을 과잉 섭취하거나 환경오염물질이나 유해식품에 노출되어 있다. 이럴 땐 비타민A, C, E를 섭취해야 한다. 특히 비타민C는 부신에 가장 많이 저장되므로 하루 3g 이상을 섭취해야 하는데, 흡수 배설이 빨라 하루 3번으로 나누어 섭취하는 게 좋다. 비타민C가 풍부한 식품으로는 브로콜리, 파슬리, 오렌지, 귤, 레몬, 고구마, 감자, 키위, 딸기 등을 들 수 있다.

　어느 조사에 따르면, 일본 중산층 남녀 80%가 1일 필요량의 4분의 3밖에 비타민을 섭취하고 있지 않다고 한다. 체내에 비타민C가 부족할 경우 비타민E가 그것을 대신하는데, 간이나 폐, 신장의 비타민C 농도가 급격히 감소하면 비타민E도 이를 보충하면서 동반 감소해 버린다. 이처럼 호르몬 작용을 상호 보완하는 뜻에서 비타민C와 E를 함께 복용하는 것이 좋다.

 또한 호르몬과 우호적인 관계에 있는 것이 피리독신이라 불리는 비타민B_6이다. 비타민B_6는 필수 아미노산인 트립토판이 세로토닌으로 바뀔 때 사용되며, 멜라토닌의 생성을 촉진함으로써 우리에게 규칙적인 생활 리듬을 선사해 준다. 담배나 술, 가공식품을 즐겨 하는 사람에게 결핍되기 쉬우므로 비타민B_6가 풍부한 바나나, 당근, 간, 새우, 콩, 밀 등을 챙겨 먹는 게 좋겠다.

 보통 식후 30분이 지나야 혈당치가 올라가기 시작한다. 혈당상승 중에는 성장호르몬의 분비가 극단적으로 저하되어 식후 1시간 반 이후에야 혈당치가 정상으로 되돌아간다. 잦은 간식이 아이들의 성장을 막는 주범이란 걸 알아야 한다. 조숙한 어린이일수록 키가 잘 크지 않는 경우도 많은데, 성호르몬이 성장호르몬의 활동에 제동을 거는 게 원인이다. 그러니 성장기 아이일수록 간식을 절제하고 충분한 수면을 취하며 적당한 운동을 하도록 권유해야 한다.

 소화기관은 식생활과 관련하여 독자적인 방어기능을 지닌다. 음식물에 붙어있는 유해 대장균은 산에 약한 성질이 있다. 유산균은 체내

에서 당을 분해하여 유산발효를 하는데, 이때 만들어지는 유산이 장
의 pH를 산성상태로 낮춰 유해균 증식을 억제한다. 유산균이 만들어
내는 유기산이 장벽을 자극, 연동운동도 촉진한다. 또한 소화관 호르
몬의 활동을 활발히 하는 역할도 한다. 최근 유익균의 에센스가 응축
된 생유산균(Probiotics) 제품이 각광받고 있는 점이 이와 무관치 않다.

　우리가 음식을 통해 섭취하는 단백질은 위와 장에서 작은 입자의
아미노산으로 소화 분해된 다음 효소나 단백질, 호르몬 등으로 다시
태어난다. 체내 호르몬을 증가시키기 위해서는 양질의 아미노산, 특
히 체내에서 합성이 되지 않는 필수 아미노산(로이신, 이소로이신, 페닐알라닌, 메티
오닌, 트레오닌, 트립토판, 발린, 리신)은 반드시 음식으로 섭취해야 한다. 밥이나 빵
만으로 살 수 없는 이유가 여기에 있다.

　체액에 녹아있는 무기질(Mineral)의 양은 미량이지만 신체의 성장발육
뿐만 아니라 호르몬에게도 필수불가결한 영양소이다. 호르몬의 어머
니 같은 존재라고나 할까. 칼륨부족은 우울증이나 불면증, 초조함이
나 경련을 유발하고, 마그네슘 결핍은 정신착란, 발작 등을 일으킨다.
해조류에 풍부한 요오드는 갑상선 호르몬의 필수 재료이다 보니 대
륙의 오지에선 갑상선이 붓는병이 빈발한다. 다행히 산이 많고 3면이

바다인 우리로선 편식만 하지 않으면 천연의 무기질을 부족함 없이 섭취할 수 있다.

여기서 퀴즈. 무기질 중 가장 결핍되기 쉬운 것과 사고뭉치는? 우선 가장 결핍되기 쉬운 무기질은 칼슘이다. 세포 속 칼슘농도는 세포 밖 농도의 1만분의 1이어야 한다는 건 인류 탄생 이래의 철칙이다. 멜라토닌 분비에 없어서는 안 되는 칼슘 유지를 위해 부갑상선 호르몬과 칼시토닌이 활약한다. 필요에 따라 뼈에서 칼슘을 동원하고 신장에서 칼슘이 배설되는 것을 막고 칼슘 흡수를 높이는 비타민D를 생성하기도 하는 것이다. 따라서 하루 최소 1,000mg 이상의 칼슘을 섭취해 주어야 한다.

그런데 나이가 들수록 부갑상선 호르몬의 분비량은 많아지는 데 반해 칼시토닌은 감소하여 칼슘의 균형이 깨진다. 칼시토닌의 억제기능이 약화되어 뼈에서 자꾸 칼슘이 빠져나가버리면 골다공증에 걸리게 되는 것이다. 칼슘 흡수에는 비타민D가 조력자 역할을 담당한다. 뼈가 다시 만들어지는 데에는 파골세포와 조골 세포가 중심적인 역할을 하는데 비타민D가 부족하면 섭취한 칼슘이 뼈 형성에 이용되지 않고 대부분 몸 밖으로 배설되어 버린다. 비타민D는 하루 10분 정도

햇볕을 쬐는 것만으로도 하루 필요량을 충분히 확보하게 되므로 햇빛 쬐기를 게을리 해선 안 되겠다.

반면 최고의 사고뭉치는 나트륨이다. 염분은 우리가 살아가기 위해 반드시 있어야 할 물질이지만 과잉섭취로 중요한 수분까지 배설되는 체약감소 및 고혈압 등을 일으킨다. 이때 바소프레신 호르몬이 분비되어 체내 수분량을 조절해 준다. 따라서 염분은 하루 10g 이하로 섭취를 제한하도록 유의해야 한다.

수면을 관장하는 호르몬인 멜라토닌은 밤 시간에만 그 분비량이 급격히 많아져 새벽 2~3 사이에는 낮 동안의 10배 가까이 늘어난다. 조종사의 시차장애 해소약으로도 쓰이는 멜라토닌은 우리가 흔히 먹는 채소나 과일에 많이 함유되어 있다. 케일에 제일 많고 그밖에도 고사리, 쑥갓, 양배추, 무, 당근, 배추, 양파, 파, 오이, 아스파라거스, 사과, 키위, 토마토, 파인애플, 딸기 등에도 많다. 따라서 수면제 대신 저녁 찬거리로 채소를 챙겨 먹는다면 깊은 잠에 빠져 들 수 있을 것이다. 잠자는 숲속의 공주가 예쁜 이유는 바로 호르몬 조절이 뛰어났기 때문이다.

글 도우미 : **데무라 히로시**(1934년생/일본)
도쿄여자의과대학 교수를 거쳐 니시신주쿠플라자클리닉 명예원장으로 재직 중이다.

1日1食

먹는 문제를 떠올리면 영국의 경제학자 맬서스가 생각난다. 기하급수적으로 늘어나는 인구로 도저히 식량 문제를 해결하지 못할 거라던 그의 주장 때문일 것이다. 그런데 나는 인간들이 먹어치우는 음식의 양이 인구수만큼이나 지나친 것이 아닐까 하는 생각을 종종 하게 된다. 하루 세 끼 식사법이 온당한가. 인류사 17만년 중 95% 이상의 기간 내내 굶주림의 연속이었다. 하루 한 끼도 챙기지 못하던 때가 다반사였다. 농경사회로 넘어오기까지 힘들게 끼니를 연명해야 했던 수렵 채집 시대의 '생명력 유전자'에서부터 이야기는 시작된다.

생명력 유전자는 굶주림과 추위에 내몰렸을 때 나타나는 유전자이다. 기아를 극복하고자 하는 기아 유전자나 연명 유전자, 감염을 이겨내는 면역 유전자, 암과 싸우는 항암 유전자, 노화와 병을 치유하고자 하는 수복 유전자 등 우리 몸속에는 셀 수 없이 많은 생명력 유전자가 존재한다는 것이다. 그런데 특이한 점은 개선된 환경이나 포식 상태에서는 오히려 신체가 노화되고 출산율이 저하되며 면역이 자기 자신을 공격하게 되는 역작용이 나타난다는 점이다.

이 중 연명유전자의 정식 명칭은 '시르투인(sirtuin) 유전자'이다. 불교의 단식이나 이슬람교의 라마단에서 짐작하듯, 우리의 몸은 공복 상태에서 더욱 더 생명력이 활성화된다는 가설에서 비롯된 개념이다. 실제 동물실험에서 먹이를 40% 줄였을 때 연명효과가 가장 높아져 수명이 1.4~1.6배 늘어난다는 것이 입증되었다. 이처럼 생명력 유전자는 기아 상태에서만 발현된다. 이것이 1일1식 건강법의 근거가 되고 있다.

그래도 그렇지, 어떻게 하루 한 끼만 먹고 살 수 있나. 이런 주장이 외면당하지 않는 이유는 당사자인 나구모 요시노리가 의학상식이 밝은 현직 의사라는 점과 본인이 직접 지난 10년 동안 1일1식을 실천해 왔다는 데 있다. 예순을 바라보는 그의 겉모습은 40대 초반의 얼굴과 탱탱한 피부, 173센티미터 키에 체중 62kg의 날렵한 몸매를 자랑한다. 한 때 77kg까지 나갔던 비만체형이 어떻게 지금의 모습으로 탈바꿈하게 되었을까.

'자연이 베푸는 음식과 몸속의 혼이 공명하는 식사'야말로 최상의 건강식이라 말한다. 하루 한 번의 식사에 모든 걸 걸어야 하다 보니 메뉴 선정을 소홀히 할 순 없다. 인스턴트 라면이나 정크 푸드는 몰아내고, 일물전체(一物全體)의 완전식품으로 1즙 1채 다이어트를 하라는 것이 요지이다. 현미와 건더기가 많은 된장국, 나물무침, 하룻밤 말린 생선 또는 청국장 등이 그가 추천하는 한 끼 식단이다. 중요한 점은 채소와 과일은 뿌리째 껍질째 잎째, 생선은 껍질째 뼈째 머리째, 곡물도 도정을 덜한 통곡식을 섭취하라는 것이다.

아침밥은 생략하라. 뭔가를 먹고자 한다면 물 한 잔이나 과일 한 개 정도. 절식을 통해 소화관을 쉬게 하는 것이 신체의 치유력을 높이기 때문이다. 그래도 허전하다면 건포도나 견과류가 박힌 통밀쿠키 정도. 설탕발림이 된 단맛 과자는 내장지방을 늘리고 혈당을 떨어뜨려 점점 배고픔을 유발하므로 삼가야 한다. 점심도 사양하라. 모든 동물은 배가 부르면 졸리게 된다. 졸음이 진료를 방해하는 것에 화가 난 저자는 점심식사 대신 껍질째 과일이나 통밀쿠키를 소량 먹는 걸로 대체하다가 지금은 아무 것도 먹지 않는다. 그리고 하루 일과를 마무리하는 저녁시간에서야 비로소 1즙1채의 한 끼 식사를 자기 정량의 60% 정도로만 한다.

또 다시 의문이 들지 않나. 1일1식으로 과연 견딜 수 있을까 하고. 양보다 질이 문제이다! 영양소가 균형 있게 포함된 완전식품이라면 별 문제가 없다는 것이다. 재미난 사실은 공복 시 나는 꼬르륵 소리는 소장에서 분비되는 모틸렌(motilen)이라는 소화호르몬이 위 속에 남아있을지도 모르는 음식물을 끌어내리기 위함인데, 공복을 깨달은 위점막에서는 그렐린(ghrelin)이라는 성장(회춘) 호르몬도 함께 분비하므로 오히려 회춘 효과를 보인다는 점이다.

특이하게도 그는 하루 한 끼 식사를 끝내면 바로 잠자리에 든다. 대개 식후 수면을 경계하지만 그는 먹고 나서 졸리는 현상은 인체의 섭리라고 설명한다. 졸다가 바로 잠드는 것이 가장 좋은 숙면법이라는 것인데, 밤 10시부터 새벽 2시까지가 사람을 젊게 해 주는 호르몬이 분비되는 골든타임이므로 이 시간에 깨어있는 것 자체가 건강을 해친다는 것이다. 의학적으로도 수면물질인 멜라토닌은 아침의 태양광을 받아 행복물질인 세로토닌으로 형태가 바뀐다. 아침햇살을 받으면서 체내시계가 초기화되므로 일찍 자고 일찍 일어나는 생활리듬이 가장 바람직하다는 것이다.

우리가 알고 있는 몇 가지 잘못(?)된 상식, 즉 아침에 일어나서 마시는 물 한 잔이나 평상시 하는 운동에도 일침을 가한다. 아침에 일어나 얼굴이 붓는 사람은 수분을 섭취하지 말라 한다. 대신 껌을 씹어 타액 분비를 촉진시키는 게 몸에 더 좋다고 말한다. 하루 수분 섭취도 일상적인 식사에서 절반은 섭취하므로 1리터 정도의 물만 마셔 과잉섭취로 간질에 수분이 축적되지 않도록 유의하라고 권한다. 또한 급격히 심장박동수를 올리는 과격한 운동은 삼가라고 조언한다. 모든 동물의 심장박동수는 일생동안 20억 회로 횟수가 정해져 있는데, 1분당 50번 박동한다고 하면 80세 즈음에 멈추게 된다. 그런데 운동이랍시고 과도하게 심장박동수를 끌어올릴 경우 스스로 생명을 단축시키는 꼴이 되고 마는 것이다.

마지막까지 건강하게 일할 수 있는 것. 저자가 꿈꾸는 최고의 인생을 사는 법이다. 1즙1채로 1일1식 하기, 채소든 생선이든 곡물이든 뭐든 통째로 먹기, 골든타임(밤10시부터 새벽2시)에 수면 취하기. 그리 까다롭지도 않은 이 3가지를 실천한다면 누구나 건강 100세를 살 수 있다고 말한다. '9988 234(99세까지 팔팔하게 살다 이틀 사흘만에 편안히 편안히 죽는 것)'를 위해 지금부터라도 1일1식 해 보지 않겠는가.

글 도우미 : **나구모 요시노리**(1955년생/일본)
도쿄자혜회 의과대학 강사이며 나구모클리닉 원장이다.

클린 CLEAN

요즘 들어 해독(detox) 요법이 인기이다. 내가 좋아하는 미국 여배우 기네스 팰트로가 "인생이 바뀌었다"고 극찬한 '클린 프로그램'도 아마존 건강분야 베스트셀러 1위를 기록했던 해독요법 중 하나이다. 자도 자도 피곤한가. 몸이 늘 무겁고 자주 붓는가. 달콤 짭짤한 음식이 계속 당기는가. 시원하게 변을 보지 못하고 속이 더부룩한가. 과로 과음 후 회복이 늦고 상처가 잘 낫지 않는가. 이 중 하나라도 해당된다면 내 몸 속의 독소를 의심해 보라.

1964년생인 알레한드로 융거는 한때 전도양양한 심장병 의사였다. 뉴욕의 한 병원에서 수련과정을 밟던 중 과민성대장증후군과 우울증 진단을 받는다. 약물치료로는 별로 신통치 않자 우연히 명상수련을 하게 되고 내친 김에 인도로 날아가 통합적 방식의 '열린 의학(open-minded medicine)'의 위대함을 접하게 된다. 이러한 디톡스 체험이 그의 진로를 바꿔 놓은 것이다.

독소란 무엇일까? 한마디로 정상적인 생리기능을 방해하고 신체기능에 부정적인 영향을 주는 물질이다. '균체내 독소(endotoxin)'는 요산, 암모니아, 젖산, 호모시스테인 등 정상적인 세포활동으로 배출되는 노폐물이다. 혈중 요산농도가 증가하면 통풍에 걸리듯 체내에 축적되는 독소가 병을 일으킨다. '균체외 독소(exotoxin)'나 '외인성 화합물(xenobiotic)'은 농약, 수은, 프탈레이트(phthalate), 트랜스지방산, 벤젠 등 외부로부터 유입된 독소로서 정상세포의 기능을 방해한다.

독소에 노출되는 경로는 4개 층의 피부로 비유된다. 제1피부는 우리 몸의 표면을 형성하는 상피세포와 점막세포로 이루어지는데, 화장품, 세안제품, 물 등이 피부를 통해 흡수되고, 음식과 약물, 공기 등이 구강, 기관지, 요도와 질, 자궁 등으로 유입된다. 표피 바로 아래층을 말하는 제2피부로는 합성섬유, 이불, 침대, 신발을 통해 독소가 들어온다. 더 바깥쪽의 생활공간을 말하는 제3피부, 즉 집이나 직장의 가구, 벽지, 바닥재 등에도 화학물질이 널려있다. 마지막으로 지구의 대기권을 형성하는 제4피부 역시 온갖 종류의 독소(중금속과 공해물질, 전자장)에 무방비 노출되어 있다.

이렇게 수많은 경로 중에도 가장 빈번히 노출되는 것은 바로 음식이
다. 슈퍼마켓에서 파는 식품의 90%는 가공식품으로 방부제와 첨가물,
포장재로 둘러싸여 있다. 나머지 10% 신선식품도 대량으로 재배 양식
되어 항생제와 환경호르몬을 함께 실어 나른다. 몇몇 유기농 식품을
제외하곤 매일 화학물질과 항생제, 농약, 오염수를 퍼 먹고 있는 것이
다. 가공된 인스턴트식품에 사용되는 화학첨가제 프탈레이트, 식품용
기에서 기체를 없앨 때 들어가는 스타이렌(styrene), 스테이크 고기 포장
용기로 쓰이는 폴리스티렌(polystyrene), 플라스틱 병과 통조림 뚜껑 코팅
제로 사용되는 비스페놀 A(bisphenol A)가 축적되면서 각종 암을 유발하고
있는 것이다.

'자신이 먹는 음식이 바로 자신'이라는 말을 들어 본 적이 있는가. 독
성이 있는 음식에 자꾸 마음이 끌리는 것은 몸이 독성에 찌들었다는
신호이다. 처리되지 못한 독소가 순환계에 계속 남게 되면 금세 조직
에 갇혀 점액으로 뒤덮인다. 세포는 스스로를 방어할 방법으로 해로운
생각과 감정을 불러일으키는 것이다. 반대로 점액을 제거하고 세포가
간절히 원하는 영양소를 공급해 주면 재생과 치유 본능이 되살아나고
부신(아드레날린과 기타 호르몬을 분비함)의 힘이 회복됨을 느끼게 된다.

독소의 전조현상은 어떻게 나타날까? 이유 없이 몸이 붓는다면 일단 독소가 범인일 가능성이 높다. 점액은 염증에 대한 자연스런 방어기제로서 세포를 부풀리고 몸을 붓게 만들기 때문이다. 소화하기 어려운 탄수화물과 유제품, 카페인 등을 즐겨하면 변비에 걸리기 쉽다. 장내 미생물 불균형(dysbiosis)과 불완전 소화 음식은 배설 기능도 떨어뜨려 심할 경우 만성 두통까지 야기한다. 또한 이런 식품은 알레르기도 유발한다. 장(腸)벽을 자극하고 약화시켜 알레르기 반응의 발단이 되는 '장 누수(leaky gut)' 현상을 나타내기 때문이다.

놀라운 사실은 세로토닌 결핍증도 관련이 깊다는 점이다. 신경전달물질인 세로토닌이 저하될 경우 대개 우울증과 과민성대장증후군을 앓게 된다. 세로토닌은 트립토판(tryptophan)이라는 특정 아미노산을 기초성분으로 이용하는데, 인공 사육된 육류에는 충분한 양이 들어있지 않아서 이것이 부족한 상태에서 독소로 인해 장에 염증이 생기면 세로토닌 수치가 서서히 감소하여 이들 질병을 일으키게 되는 것이다.

자, 이젠 본격적으로 클린 프로그램을 시작해 볼까. 주간계획표를 짜고 이를 3주일간 지속적으로 실천해야 한다. 명상-식이-운동을 반복적으로 하고 몇 가지 유의사항을 지키면 되므로 미리 겁먹을 필요는 없다. 하루 프로그램을 시간대별로 나눠보면 '기상 후 5분 명상 - 아침식사(유동식)로 과일스무디 또는 야채스프 - 점심식사(고형식)로 생선 또는 닭고기 양고기 요리 - 간식으로 과일 또는 견과 약간량 - 저녁식사(유동식)로 과일야채 주스 - 운동으로 30분 걷기 또는 요가'. 매 일별로 레시피를 바꿔가며 식단을 짜면 질리지도 않을 뿐더러 맛과 영양을 골고루 섭취하게 된다.

유의할 점은 매일 점심 한 끼 고형식, 나머지 두 끼 유동식을 표준으로 하되 저녁식사 약속이 있을 경우엔 점심을 유동식으로 바꿔 '1고형+2유동' 식사패턴은 충실하게 유지하고, 식후 8시간 후에 해독신호가 켜짐을 감안하여 저녁식사 후엔 다음날 아침까지 꼬박 12시간을 속을 비워 해독작용이 잘 이루어지도록 해야 한다. 12시간 단식, 이게 키포인트라서 적응이 힘든 초기에는 일찍 잠자리에 드는 것도 한 방법이다. 또한 열을 가하면 영양소가 파괴되므로 익힌 고기를 빼곤 스프도 채소즙을 사용하도록 하고, 프로그램 중엔 커피, 탄산수 등은 멀리 하고 생수로만 하루 2.3리터 정도 충분히 마셔 가급적 해독의 효율을 올리도록 한다.

필요에 따라 섬유질, 생유산균제(Probiotics), 항균식품을 보조식품으로 활용하면 클린의 효과는 극대화된다. 평소의 식사량보다 먹는 양이 적어지므로 푸룬(말린 자두), 아마씨 같은 천연섬유질 식품을 보탬해 주거나, 장내 세균총 회복에 보탬이 되는 150억 마리 이상의 유산생균 제품을 하루 한 번 복용하거나, 병원성 박테리아를 죽이는 데 도움을 주는 생마늘과 감초, 생강, 대황뿌리 같은 허브항균식품을 활용하는 것은 매우 유익하다.

클린의 궁극적인 목적은 독소를 배출시키는 것이라서 단 하루라도 배변을 거르지 않도록 유의해야 한다. 깨끗한 물을 충분히 마시고 가벼운 운동을 하고 섬유질식품을 보충해 먹으면 대부분 원활해지겠지만 변비가 생길 때는 피마자유를 양주잔 1/2컵에 먹고 물에 섞은 레몬주스를 1컵 마셔 배변을 유도한다. 호흡도 독소를 배출하는 중요한 방법이므로 매일 아침 5분간이라도 복식 호흡하는 것을 놓쳐서는 안 된다. 또한 적외선 사우나, 냉온교차 목욕, 브러시로 피부 자극하기도 피부를 통한 독소배출에 큰 역할을 하고, 하루 30분 걷기나 요가는 땀 배출 효과뿐만 아니라 혈액과 림프의 순환을 증진시키고 장을 자극해서 배설을 원활하게 해 준다.

무사히 3주를 마쳤다면 당신도 '새로 태어난 기쁨'을 맛보게 될 것

이다. 그 기쁨을 쭉 유지하고 싶은 사람은 1년에 한 번씩 거듭 도전하
고, 가급적 유기농 과일 채소, 발효식품(김치), 등 푸른 생선, 날 음식을
선호하는 식습관을 생활화하며, 생유산균제인 프로바이오틱스 한 알
을 꼭 챙겨먹도록 하라. 장이 '편하지 않아서(dis-ease)' 생기는 게 질병
(Disease)이다.

글 도우미 : Alejandro Junger(미국)
우루과이 태생의 독일계 유태인으로 뉴욕시 레녹스힐병원 통합의학과 과장을 맡고 있다.

음료의 불편한 진실

나는 좀처럼 음료를 사 마시지 않는다. 사무실에 손님이 오더라도 더치커피를 타 주거나 녹차를 우려 내준다. 부전자전인지 아들도 음료 대신 생수를 사다 마시길 좋아한다. 음료 속의 식품첨가물이 몸을 망칠 수 있다는 얘기를 주워들었기 때문이기도 하다. 식품공학박사이자 식품업체 개발 실무 경험이 풍부한 황태영 박사의 입을 빌려 음료의 불편한 진실을 낱낱이 파헤쳐 볼까 한다.

국내 음료시장 규모는 3조5천여 억 원에 달한다. 생수(6천6백억원)와 정수기(1조5천억원) 시장을 합치더라도 상대가 안 된다. 그만큼 음료를 찾는 사람이 많다는 뜻인데, 비싸든 좋든 시판되는 모든 음료는 멀리 하라고 잘라 말한다. 왜일까? 식품연구소 시절 소스 신제품의 관능검사(식품을 미각, 후각, 시각 등으로 평가하는 제품검사)를 통해 섭취한 합성첨가물이 때맞춰 출산한 둘째아이에게 아토피 증상을 입힌 충격을 몸소 체험한 탓이다.

"커피를 마실 때마다 프림 때문에 망설인다!" 일명 태희커피로 불리는 N사의 커피믹스 광고. 선발업체 D사를 겨냥하여 화학적 합성품인 카제인 나트륨 대신 진짜 우유를 넣은 커피라고 대대적으로 선전했다. 도대체 카제인 나트륨이 어쨌길래 이 난리일까. 우유에 알칼리 처리를 하고 열을 가하면 유단백의 주성분인 카제인이 녹아나온다. 이것에 나트륨 성분을 첨가하여 물에 잘 녹도록 만든 것이 카제인 나트륨인데, JECFA(FAO WTO 합동 식품첨가물전문위원회)에서 1일 섭취량을 제한하지 않을 정도로 안전성이 확인된 물질이다. 사실 주범은 프림 속의 식물성 경화유지이다. N사든 D사든 식감을 살리기 위해 듬뿍 집어넣는 이놈은 심혈관질환과 비만을 불러오는 포화지방 덩어리이다. 엄한 놈에 침 뱉지 말고 차라리 '커피믹스 봉지 껍질로 커피 섞지 않기' 캠페인을 벌리는 편이 낫다 한다. 봉지에 함유된 소량의 납 성분을 함께 마실 필요는 없을 테니까.

　제로 칼로리 음료 이야기도 해 볼까. 이온음료도 100ml당 20kcal 안팎인데 제로라니, 열쇠는 설탕 대신 들어가는 합성감미료가 쥐고 있다. 백설탕보다 150~200배 단맛을 내는 대체감미료로는 아스파탐, 사카린, 수크랄로스, 아세설팜칼륨, 솔비톨 등이 주로 쓰인다. 그런데 커피의 카제인 나트륨과는 달리 아스파탐은 1일 허용섭취량이 kg당

40mg으로 제한된다. 인체 내에서 분해될 때 메탄올, 페닐알라닌 등이 방출되는데, 다량 섭취할 경우 메탄올은 실명, 페닐알라닌은 뇌손상의 원인이 되기 때문이다. 진짜 웃기는 건, 합성감미료의 당 성분이 식욕을 왜곡하여 가짜 당분에 속은 뇌가 진짜 당분을 갈구하게 되어 단맛에 대한 욕구가 점점 증가하므로 오히려 체중증가의 원인이 될 수 있다는 것이다.

무첨가 음료의 뻔한 거짓말은 또 어떤가. 업계관행상 무첨가는 또다른 첨가를 부른다. 대표적인 게 설탕 대신 첨가되는 액상과당이다. 고과당옥수수시럽(HFCS)인 액상과당은 설탕보다 흡수가 빨라 식욕조절, 체중유지 기능을 교란, 비만과 당뇨 같은 생활습관병을 야기하므로 오히려 더 해롭다. 호미 대신 가래를 쓰는 꼴이랄까. 심리적인 거부감이 강한 합성보존료도 각종 산화방지제, 감미료, pH조정제 등 더 많은 첨가물을 조합하면 얼마든지 유통기한을 늘릴 수 있다. 소비자들이 꺼리는 합성착색료와 인공색소 역시 천연 재료로 대신할 순 있지만 체내에 들어가면 똑같은 화학과정을 거쳐 분해 흡수되므로 그 놈이 그 놈이 되어 버린다.

과일주스는 더욱 가관이다. "과즙 100%", "신선함이 살아있는" 요런

표현을 썼다 해서 순수 과일즙이란 착각을 하면 오산이다. 용기 아래쪽을 자세히 들여다보면 잔글씨로 '농축과즙'이란 문구를 발견하게 될 테니까. 이는 냉동상태로 수입된 농축과즙에 7배 내외의 물을 부어 만들어진다는 의미이다. 그냥 물만 부어선 맛이 덜하니까 여기에 액상과당이나 착향료, 구연산 같은 첨가물을 넣어 새콤달콤 맛과 향을 살리는 거다. 소위 '환원주스'라 불리는 과일주스는 과즙을 펄펄 끓여 졸인 것을 다시 수분을 보충해 환원시킨 것인데 식약처 고시기준(원재료 이외의 물질을 첨가하지 아니한 경우에 한해 식품첨가물이 포함되더라도 100% 표기가 허용된다)에 따라 합법적(?)으로 '과즙 100%'라 표기할 뿐이지 첨가물의 사용 유무와는 아무런 상관이 없다. 그러니 '신선주스'가 아니라 '신선하도록 느껴지게 가공된 주스'라 해야 맞는 말이다. 오호 애재(哀哉)라. 비타민 보급을 위해 아이에게 주스를 사 먹이고 있다면 오늘부터라도 그 돈으로 과일이나 영양제를 사다 먹이는 게 백번 낫다.

　일반우유와 유기농우유의 차이는 또 어떨까. 2011년 소비자시민모임에서 유기농, 일반, PB(Private Brand) 세 가지 우유를 비교 실험한 바, 유기농 우유와 일반 우유 간에 칼슘과 유지방 함유량에서 차이가 없었고 대장균, 항생제, 잔류농약도 검출되지 않았다. 심지어 가격차이가 현저한 PB 우유와도 별반 차이가 없었다. 유기농은 사육과정상 관리가 엄격해 생산비가 30% 이상 더 들어갈 뿐이지 영양성분상 차이가 없음은 한국유기농협회도 인정했다. 젖소가 행복하게 잘 자라도록 동물보호 비용을 지불하려는 생각이 없는 한, 군이 비싼 돈 들일 필요가 없다고 보시면 된다.

잠도 깨우고 피로도 풀어준다는 에너지음료. 타우린과 카페인 성분이 마치 만병통치약처럼 보이게 한다. 문제는 카페인. 적당량의 카페인은 졸음을 가시게 하고 피로를 풀어주며 정신을 맑게 해 준다. 하지만 1일 섭취량(성인 400mg, 남자청소년 160mg, 여자청소년 133mg) 이상을 장기간 음용하게 되면 불면증, 신경과민, 메스꺼움, 위산과다, 두근거림 등의 증상에 시달리게 된다. 그렇다면 에너지음료 속 카페인은 어느 정도일까. 놀라지 마시라. 콜라나 피로회복제의 3배에 달하는 1캔(250ml)당 80ml 수준이다. 청소년의 경우 하루 2캔만 마셔도 카페인의 위험성에 빠질 수 있는 것이다. 졸음 물리치려다 몸 망치는 일이 없도록 특별히 자녀를 둔 부모의 관심과 배려가 필요하다.

어린이는 나라의 보배. 그런 만큼 마트 음료코너에 가면 알록달록 예쁜 모양의 어린이 음료도 즐비하다. 2012년 한국소비자보호원이 조사한 바에 따르면, 대부분 제품의 당 함량이 탄산음료와 유사한 수준으로 밝혀졌다. 단맛을 좋아하는 아이들이 좋아하게끔 액상과당을 듬뿍 넣은 것이다. 산도 역시 탄산음료와 비슷한 pH 2.7~3.8로 조사되어 에나멜층을 손상시켜 충치를 유발할 위험성이 높다. 심하게 말해 어린이가 마셔선 안 되는 음료가 어린이음료인 것이다. 식품의약품안전처가 뒤늦게 '어린이기호식품 품질인증제'를 마련했지만 첨가물 양을 제한하는 제도가 아니라서 못 미덥긴 매 한 가지. 직접 만들어 먹이는 엄마표 음료가 최고이지 싶다.

건강음료로 알려진 식초음료, 차음료, 이온음료, 두유, 요구르트, 다이어트음료, 영양강화우유 등도 불편한 진실을 감추고 있긴 매 한가지이다. 이들 역시 가공 과정에 각종 착향료와 보존제, 첨가물, 당 성분이 가미되기 때문이다. 그럼 도대체 뭘 마셔야 할까? 물을 것도 없이 최상의 답은 물이다. 음료 대신 물을 마시는 것만으로도 당뇨, 비만, 심장병, 통풍, 간질환, 치매, 충치 등의 각종 질환으로부터 한 발짝 멀어질 수 있다.

그럼에도 음료의 유혹에서 벗어날 수 없다면? 첫째, 되도록 용량은 적고 가격은 비싼 제품을 골라라. 좋은 재료와 무균충전방식으로 생산하려면 비용이 더 들 수밖에 없으니 그만한 대가를 지불할 마음의 준비가 필요하다. 둘째, 보관 상태를 따져보라. 간혹 생수 PET병을 햇볕이 쨍쨍 내리쬐는 곳에 두는 가게가 있다. 페트병은 햇빛에 노출되면 발암물질이 노출될 위험이 있다. 가장 주의할 것은 온장고에 들어있는 음료이다. 캔 음료인 경우 환경호르몬인 비스페놀A가 용출될 수 있으므로 피하는 게 상책이다. 셋째, 한 가지 음료만 마시자 말라. 한 가지만 고집하다보면 특정 성분이 축적될 소지가 높다. 같은 제품군이라도 업체를 바꿔가며 마시는 게 위험을 줄일 수 있는 방법이다. 넷째, 당류함량이 적은 순서대로 음료를 선택하라. 물〉블랙커피〉차음료〉비타민음료〉과일주스〉탄산음료 순이 좋겠다. 마지막으로 자신의 몸 상태에 맞게 체중조절이 필요하다면 당류함량을, 충치가 걱정이라면 인산염 첨가여부를, 수면장애가 있다면 카페인 함유량을 따져야 할 것이다.

그래봤자 물 보다 나은 음료는 없다!

글 도우미 : **황태영**(한국)
경북대에서 식품공학 박사를 취득하고 중원대 한방식품바이오학과 조교수로 재직 중이다.

채식의 배신

이 책의 저자 리어 키스(Lierre Keith)는 20년 가까이 비건(vegan; 동물성 식품을 일체 배제하는 식습관을 가진 사람. 단순 채식주의자인 베지테리안보다 더 철저함)으로 살았다. 육류는 물론 유제품이나 달걀류도 절대 손대지 않는 완벽한 채식주의 신봉자였다. 생명경외사상과 환경보호주의 같은 정치적 종교적 신념이 바탕이 되었던 비건 생활에 종지부를 찍은 이유는 축산업 이상으로 농업이 환경과 토양을 파괴하는 주범임을 알게 된 까닭이다.

원래 식물은 '다년생 혼작(perennial polyculture)'이 주류를 이룬다. 이는 자연이 표토(表土)를 형성해 보호하고 각종 생명이 더 많은 생명을 만들기 위한 공생의 방식이다. 그런데 농사를 짓기 시작한 인간들에 의해 쌀, 밀, 옥수수, 콩 등 곡물 위주의 '일년생 단일경작' 농법이 전개되면서 초원과 밀림, 산과 들을 닥치는 대로 경작하는 바람에 원래 그 땅의 주인이던 수많은 생물종이 죽어나갔다. 심지어는 흙 속의 박테리아까지도 온전할 수 없었다. 힐렐은 "문명의 역사에서 칼날이나 총기보다 쟁기의 날에 의해 훨씬 더 많이 파괴되었다"고 지적한다.

이런 정서적인 각성보다 더 중요한 터닝포인트는 채식주의에서 빚어지는 식이 장애의 병폐를 알게 되면서부터다. 그는 거식증이나 폭식증 같은 극단적인 식이장애를 보이는 환자의 30~50%가 채식주의자임을 주목한다. 자신도 비건 생활을 하던 젊은 시절 우울증, 불면증 등에 시달린 경험이 적지 않았다. 동물과 지구를 사랑하는 비건들이 왜 식이장애에 그토록 취약할까.

답은 바로 생화학적인 이유였다. 채식주의 식단은 트립토판 (tryptophane)이라는 필수아미노산의 함유율이 제로에 가깝다. 동물성 식품에만 존재하는 트립토판이 부족하면 자동적으로 세로토닌 수치가 낮아져 우울증, 불면증, 공황장애, 분노감 등 강박적 행동장애 증상을 보이게 된다. 트립토판 외에도 아연(Zn), 니아신(niacin; 비타민B3) 등이 결핍되어 격렬한 식이 장애가 가중된다. 특히 성장기의 몸과 뇌는 이들 영양분을 더 많이 필요로 하는데 말이다.

다이어트를 시도하다 실패한 10대 소녀들이 쉽게 폭식증에 걸리게 되는 이유에 대해 혼바커는 이렇게 말한다. "구토하면서도 폭식을 하는 행위는 둘 다 두뇌에서 강력한 화학물질인 엔돌핀의 분비를 촉발하는 역할을 하기 때문이다. 헤로인과 유사한 이 천연의 두뇌화학물질은 중독성이 있어 폭식증 환자가 싸워 이겨내기 어렵다." 앞서 얘기한 대로 다이어트를 하면서 음식을 먹지 않으면 트립토판 결핍으로 자존감과 행복감을 느끼게 하는 신경전달물질인 세로토닌 수치가 바닥으로 떨어진다. 이는 거식이 폭식을, 폭식이 거식을 유발하는 식이 장애로 이어지는 악역을 담당해서이다.

또한 다이어트 중에는 몸에 비축된 티아민(비타민B1)의 수치가 급격히 떨어져 입맛이 줄어든다. 더구나 붉은 살코기와 달걀노른자에 많은 아연 결핍까지 가세하여 더욱 미각을 상실하게 만든다. 식이 장애의 악순환 고리가 형성되는 것이다. 다행히 아연 함유 영양제의 복용만으로도 거식증 환자들의 회복률이 85%나 개선되었다.

비건 생활을 청산한 그는 매일 오전 중 최소 3온스 이상의 단백질을 먹어치운다. 그렇게 트립토판을 섭취하지 않으면 또다시 불안과 절망의 나락으로 떨어질 거라는 것을 누구보다 잘 알고 있기 때문이다. 그렇다면 비건 식단을 일정 기간 이상 유지할 때 몸에 어떤 현상이 나타나는지 살펴보자.

먼저 인슐린 수용체가 마모된다. 탄수화물, 즉 당 성분 위주의 식단은 인슐린의 이상항진을 초래하여 정상적인 가동을 방해한다. 이는 곧바로 저혈당을 유발한다. 갑자기 울먹이거나 화를 벌컥 내는 등 감정의 기복이 심해진다.

둘째 관절이 파괴될 것이다. 무기질을 충분히 섭취하지 못한 결과이다. 곡식과 견과류, 콩류는 전처리 과정을 충분히 거치지 않을 경우 그나마 섭취한 적은 양의 무기질과 피트산이 결합해 흡수를 방해한다. 그리고 뼈를 만들 비타민 D도, 콜라겐을 만들 아연도 부족하게 되어 치명적인 관절 손상을 초래할 것이다.

셋째 불안정하고 산패가 쉬운 다가불포화 지방은 혈관과 심장을 망칠 것이다. 이들을 보호할 포화지방산과 적절한 단백질, 충분한 비타민D가 없으니 암에 걸릴 위험이 높아진다. 수렵 채집 시대에는 암 발생이 전무하였음을 상기하자.

넷째 오메가6 지방산은 다량 섭취하는 대신 오메가3 지방산은 거의 전무한 상태에서 각종 염증이 발생한다. 관절, 혈관, 내장, 간, 신경, 뇌 등이 모두 염증 발생 후보지라서 섬유 근육통이 생길 수 있고 알츠하이머병에 걸릴 수도 있다.

다섯째 저지방 식단을 유지하면 생리불순, 불임 문제를 겪을 수도 있다. 하버드대학 영양학과의 연구 결과, 배란관련 불임을 겪을 확률이 85% 이상 높아지고 임신이 되어도 기형아를 출산할 가능성이 5배 높아짐을 알 수 있다. 갑상선 손상도 우려된다.

이외에도 위가 완전히 망가질 수 있고, 머리칼은 건조하고 가늘어질 것이며, 피부도 통증이 수반될 정도로 건조해 진다. 단백질을 기초로 하는 면역체계는 약화될 것이고, 온갖 식물성 렉틴으로 인해 분자모방이 일어나면 자가면역질환에 시달릴 것이다.

그리고 동물석 식품에만 있는 비타민B12(코발라민)이 결핍되어 눈이 멀거나 뇌 손상을 입을 수 있다. 영유아에도 영향을 미쳐 비건인 엄마를 둔 아이는 비타민B12가 결핍된 모유 때문에 뇌 이상이 생길 수 있다. 그 아이가 성장하더라도 저능아가 될 확률이 높다. 이처럼 채식위주의 편식이 주는 폐단은 이루 헤아릴 수가 없을 정도이다.

채식주의자들이 더 오래 산다고? 한 마디로 낭설이다. 흥미 있는 조사로 미국의 예수재림교와 모르몬교 신자의 수명을 비교해 보았다. 양쪽 다 금욕주의와 채식주의를 신봉하지만, 육식을 금기시 하는 재림교와 육식을 함께 하는 모르몬교 신자 간에 모르몬교 신자 쪽이 더 장수한다는 사실이 밝혀졌다. 완전 채식주의자의 판정패다. 정리하건대 채식주의자들이 정신적, 신경적 질환으로 인해 잡식주의자에 비해 사망할 확률이 2.5배 높은 것으로 확인되었다.

인간은 잡식동물이다. 각자가 원하는 대로 먹으면서 살 수 있는 데에는 한계가 있다. 바로 생명 현상이 그렇다. 인간의 뼈와 살, 피, 뇌, 심장 등은 모두 동물을 필요로 한다. 생명 유지에 필요한 영양소를 인위적으로 멀리 하려는 것은 일종의 자살행위이다. 당신이 '채식주의의 신화(vegetarian myth)'에 빠진 자라면 지금이라도 그 신화를 깨 부셔라. 대신 지구상의 동식물들과 공생하려는 윤리적 소비자가 되려고 마음먹는 게 맞다. '골고루 적당히 먹는' 식습관, 이게 핵심이다.

끝으로 다함께 참여하기를 바라는 개인적 해결책 3가지를 제시한다. 1.가능하면 아이를 낳지 말자. 지난 1만년 이상의 인류사상 먹이사슬의 최상층에 자리한 인간들이 자연에 저지른 죄악은 지나친 수준이 되어버렸다. 더 이상 인간을 배불리기 위한 착취와 파괴를 없애려면 그 숫자를 동결시키는 것이 가장 강력한 선택이다. 2.차를 더 이상 몰지 말자. 화석연료에 의존하는 자동차를 포기하여 석유의 종말에 대비하고 환경도 살리자는 뜻이다. 3.자기가 먹을 음식을 직접 기르자. 음식이 이동하는 평균 2천 마일의 식품 마일리지(food mileage)를 걸어갈 정도의 거리로 단축시키자는 것이다. 유기농법으로 토양을 가꾸어 동식물 간의 공생관계를 형성하자는 입장이다.

펙이나 천진난만한 생각이다. 그의 생각처럼 그는 생태론자다. '생명은 죽음을 통해서만 가능하고, 우리 몸조차 세상이 준 선물이라서 서로에게 먹이가 되는 것이야말로 우리가 가진 최고의 자원'이라고 말한다. 먹이사슬의 피라미드가 아니라 먹이 사이클의 일원으로 동참하자는 그의 뜻을 곰씹어 볼 일이다. 채식의 배신을 더 이상 방치할 순 없지 않나.

글 도우미 : Lierre Keith(1964년생/미국)
농사꾼이며 작가이고, 페미니스트이자 생태보호 환경운동가이다.

내 몸을 망가뜨리는 음식상식

　남녀 간에 궁합이 있듯이 음식에도 궁합이 있다. 식품학자 유태종 박사의 음식궁합 이야기는 언제 읽어도 재미나다. 서양학자들 사이에서도 Food combining, 즉 음식궁합을 잘 따져 먹어야한다는 주장이 많다. 고기를 먹을 때는 밥이나 빵과 함께 먹지 말라는 것인데, 우리 몸속의 소화효소는 한 번에 한 가지씩만 분비하다보니 이 중 다른 한 가지 음식은 제대로 소화되지 못한다는 논리에서다.

　하지만 버클리대학의 마건(Sheldon Margen) 박사에 따르면 한 마디로 '굉장한 거짓말'이라고 일축한다. 사람의 소화 체계는 여러 가지 성분을 동시에 처리할 수 있도록 설계되어 있기 때문이다. 오히려 골고루 먹을 때 소화가 더 잘된다는 것이다. 하지만 일부 약물과 음료 간에는 상극이 존재한다. 가령 소화제나 제산제를 복용할 때는 우유나 요거트 같은 유제품을 섭취하지 않는 게 좋다. 유제품 속의 칼슘이 약의 흡수

를 방해하기 때문이다. 한편 자몽이나 오렌지주스, 탄산음료를 고혈압
치료제, 콜레스테롤 치료제, 진정제 등과 함께 마시면 약효가 거의 2배
로 강화되어 위험에 빠트릴 수 있다.

검은 초콜릿 속에는 폴리페놀이라는 항산화물질이 듬뿍 들어있다.
그 결과, 검은 초콜릿을 먹인 사람에게서 혈장의 항산화물질이 20%나
늘어나고 혈압도 5%나 떨어진다는 사실이 밝혀졌다. 반면 우유가 섞
인 흰 초콜릿으로는 아무런 변화가 없었다. 나폴레옹이 원정길에 초콜
릿을 챙겨 다녔던 이후로, 전쟁에 나서는 미군이나 우주비행에 나서는
우주인도 비상식량으로 검은 초콜릿을 챙긴다. 하지만 검은 초콜릿이
건강에 좋다 해서 애완견에게 던져주면 큰일난다. 초콜릿은 개의 심
장과 신경 체계에 악영향을 끼쳐 초콜릿 몇 조각만으로도 목숨을 잃을
수 있기 때문이다.

커피에 중독 성분이 있다는 건 다 안다. 그런데 미국의 저명한 영양
학자인 조지워싱턴대학 버나드(Neal Barnard) 박사는 치즈, 초콜릿, 설탕,
고기 4가지 음식의 중독성을 설파한다. 실례로 치즈에 들어있는 단백
질 성분인 카제인(Casein)은 소화 과정 중 분해되어 카소모핀(casomorphine)
이라 불리는 일종의 모르핀을 만들어낸다. 이러니 치즈 맛에 길들여

진 아이가 평생 치즈를 입에 달고 사는 일이 생기는 것이다. 버나드 박사는 여성들이 초콜릿이나 설탕 등 단맛에 쉽게 중독되는 반면, 남성들은 고기에 중독되는 사례가 많다고 설명을 덧붙인다. 여러분도 혹시 식품 중독자가 아닌지 한 번 살펴보시라.

콜라의 중독성도 알아보자. 콜라 250ml 1병에는 중독성 물질인 카페인이 45mg 들어있다. 설탕은 더 많이 들어있어서 1병에 각설탕 13덩어리, 티스푼으로 치면 10스푼 분량의 설탕이 들어있다. 톡 쏘는 맛을 내기 위해 인산도 사용된다. 인산은 강한 산성인데 치아의 바깥층인 법랑질을 부식시키고 뼈 속의 칼슘을 빼내는 주범이다. 그래서 인산을 많이 흡수하면 칼슘 부족으로 뼈에 구멍이 송송 뚫리는 골다공증이 생기고 만다. 안타깝게도 콜라에는 우리 몸이 필요로 하는 영양분은 전혀 들어있지 않다. 온갖 인공감미료와 향료에 설탕 범벅으로 우리 몸을 비만하게 만들 뿐이다. 전체 설탕 소비량의 1/3을 콜라 등 청량음료로 흡수하는 미국인들에게 콜라는 비만의 주범일 뿐이다. 참 나쁜 음료다.

빵을 먹다보면 빵 껍질을 싫어하는 사람들이 의외로 많다. 부드러운 속에 비해 맛이 떨어져서이다. 그런데 영양 면에서 보면 빵 껍질이 훨씬 낫다. 빵 껍질에는 프로닐-라이신(pronyl–lysine)이라는 항산화 성분이 속보다 8배나 더 들어있다는 사실이 독일 뮌스터 대학의 호프만(Thomas Hofman) 박사팀에 의해 밝혀졌다. 원래 밀가루에 없던 성분이 빵을 굽는 과정에서 빵 껍질에 집중적으로 형성되기 때문이다. 하지만 너무 오래 굽거나 튀기면 아크릴아마이드(acrylamide)라는 발암물질이 생성되므로 까맣게 탄 빵 껍질은 먹지 않는 게 좋다.

우리 모두는 식품보관용으로 냉장고를 맹신하는 경향이 있다. 먹다 남은 빵, 과일 채소도 대부분 냉장고에 보관한다. 그런데 냉장고 보관이 잘못이라는 걸 종종 깨닫는다. 빵을 예로 들면 냉장보관하면 내부의 습기를 빨아들여 오히려 곰팡이가 생기면서 더 빨리 상한다. 빵을 오래 보관하고 싶으면 완전 밀봉하여 냉동고에 넣어둬야 한다. 오렌지주스의 비타민C는 4주 정도 지나면 절반 이상이 상실된다. 냉장 보관을 할지라도 1주일 이내에 다 마셔버리는 게 가장 현명하다. 채소나 과일은 비타민과 미네랄 손실을 덜도록 물기를 털어낸 후 냉장고 과일칸 바닥에 종이를 깔아서 습기를 흡수하도록 보관하는 게 좋다. 바나나는 껍질이 검게 변해 버리는 바람에 냉장보관을 기피하는 사람이 적지 않다. 하지만 알맹이는 1주일 뒤에 먹어도 괜찮을 만큼 싱싱하므로 상온보다는 냉장 보관하는 게 좋다.

사과를 다른 과일과 섞어 보관하지 말라는 이야기를 들어 본 적이 있는가. 과채류 식물은 모두 적건 많건 에틸렌(ethylene)이라는 호르몬을 발산하는데, 유독 사과의 분비량이 많다. 사과 이외에도 바나나, 아보카도, 배, 자두, 멜론, 키위 등이 에틸렌을 많이 분비하는 과일들이다. 이들을 다른 과일 채소와 섞어 보관하면 에틸렌 가스로 인해 빨리 시들해지고 제 맛을 잃게 된다. 예를 들어 사과를 상추 등 푸른 잎채소와 함께 보관하면 색깔이 엷어지거나 얼룩무늬가 생긴다. 반대로 덜 익은 과일에 에틸렌 가스를 분사하면 빨리 익도록 도와주기도 한다. "상한 사과 한 개가 전체를 망친다(One bad apple spoils the whole bushel)"는 영어 속담에 과학적 근거가 담겨있을 줄이야.

달걀노른자는 콜레스테롤 덩어리. 상식으로 굳어진 편견으로 달걀을 피하는 이들이 적지 않다. 과연 그럴까. 하버드대학의 후 박사가 건강한 성인 12만 여명을 대상으로 장장 14년간 조사한 결과 달걀을 매일 1개씩 먹어도 심장마비나 뇌졸중 위험은 전혀 커지지 않았다. 다만 당뇨환자의 경우에만 심장병 위험이 약간 증가한 것으로 나타났다. 같은 대학의 스노덜리(D. Max Snodderly) 박사는 달걀 속에 많이 들어있는 루테인(lutein)과 지악산틴(zeaxanthin)이라는 황색색소가 시력보호에 탁월한 효과가 있다고 밝혔다. 무려 양상추보다 6배나 더 많이 들어 있다는

것이다. 따라서 달걀을 즐겨 섭취하면 노인들의 실명원인인 백내장 위
험성을 최고 20% 줄여주고, 황반변성(macular degeneration) 위험성도 최고
40% 감소시킨다고 밝혔다.

 1980년대에 새우에 콜레스테롤이 많다는 보고가 나오면서 새우도
도마 위에 올랐다. 하지만 미국 록펠러 대학과 하버드 대학의 공동연
구에 따르면 새우에는 이른바 좋은 콜레스테롤(HDL)이 많이 함유된 것
으로 밝혀졌다. 혈관 벽에 달라붙어 혈관을 막는 나쁜 콜레스테롤(LDL)
과 반대로 HDL은 이렇게 막힌 혈관을 청소해 뚫어주는 역할을 한다는
것이다. 록펠러대학 디 올리베이라(De Olveira) 박사는 "특히 삶은 새우는
지방이 적어 육고기 대용으로 먹으면 건강에 아주 좋다"고 조언한다.

 미국 식품의약국(FDA)이 수은 함유 수치가 높은 왕고등어(0.73ppm), 옥
돔(1.0ppm), 황새치(1.0ppm), 상어(0.96ppm) 이 4가지 생선에 대해 수은중독 주
의령을 내렸다. 특히 임신부에게는 1주일에 340g으로 제한할 것을 권
고한다. 임신부가 수은에 중독된 생선을 많이 먹으면 태아의 두뇌가
손상될 수 있기 때문이다. 우리가 즐겨먹는 참치는 어떨까. 참치 생선
은 0.32ppm이고 통조림은 0.123ppm이다. 더구나 한국산 참치 통조
림은 덩치가 작고 수은 함량도 낮은 가다랑어와 황다랑어이므로 안전

성에 별 문제가 없다. 미국 FDA는 가장 안전한 생선으로 정어리, 연어, 넙치, 가리비, 새우 등을 꼽았다.

　미국 최대의 비영리 소비자보호단체인 CSPI의 헐리(Jayne Hurley) 박사는 건강을 해치는 공적(公敵) 1호로 아이스크림을 손꼽았다. 시판되는 아이스크림을 수거해 조사해 본 결과, 포화지방(혈관을 막고 비만을 일으키는 나쁜 기름) 투성이였던 것이다. 아이스크림은 제조법상 유지방 10% 이상, 우유분말 20% 이상, 설탕 15% 정도를 포함하고 있어야 한다. 아이스크림의 부드러운 맛은 바로 포화지방 덩어리인 유지방 덕분이고, 우유분말에도 포화지방이 많다. 달콤한 맛을 내는 설탕 또한 비만을 일으키는 주범이니, 아이스크림은 태생적으로 비만 유발 물질덩어리에다 절반쯤 공기를 집어넣어 부풀려놓은 인류 최악의 나쁜 음식인 것이다.

　쓰레기를 소각할 때 나오는 다이옥신은 219가지 독성물질의 합성체로 암과 당뇨병을 유발하고 면역체계와 내분비계를 손상시킨다. 다이옥신은 동물의 지방에 스며들어 그대로 축적되는 습성이 강하다. 비만인 사람이 암에 걸려 사망할 확률이 50% 이상 높은 이유도 여기에 있다. 다이옥신은 쇠기름〉치즈와 버터〉우유〉돼지기름 순으로 많이 들어있어서 유제품의 경우 저지방인 것을 고르는 게 좋다.

한편 자동차 배기가스나 공장 연기에서는 강력한 발암물질인 벤조피렌(benzopyrene)이 배출된다. 그런데 고기나 생선을 까맣게 태웠을 때에도 벤조피렌이 나온다는 것이다. 미국 버클리 대학의 에임즈(Bruce Aims) 박사에 의하면, 어떤 음식이든 47 ℃ 이상의 고열로 3분 이상 가열하면 DNA 구조가 변화되기 시작하고 180 ℃를 넘어가면 발암물질은 폭발적으로 불어난다. 다행히 채소나 과일 등 항산화식품을 함께 먹으면 이런 유해물질도 밖으로 배출되거나 상쇄된다.

반면 우리가 즐겨먹는 마늘은 특히 남성들에게 대단한 효도음식이다. 고대 이집트에서는 피라미드를 건설하는 노예들에게 마늘을 먹였고, 왕들의 무덤에는 사후승천을 비는 의미로 마늘 여섯쪽을 놓아두기도 했다. 미국 국립암연구소(NCI)가 조사한 결과, 하루 마늘 한 쪽씩만 먹어도 전립선암 발병률이 53%가 감소되었다. 전립선암과 전립선비대증 등 전립선 질환은 50대 남성들의 50%, 60대 남성들의 60%, 연령 증가와 정비례로 겪을 만큼 남성들을 괴롭히는 질병이다. 요도를 둘러싼 전립선이 부어올라 소변보기가 어려워지는 전립선비대증은 우리나라에서도 매우 흔한 질병이다. 한편 버터, 치즈, 크림, 거위간 등 기름진 식사를 미국인들보다 3배나 더 즐기는 프랑스 사람들이 심장질환 사망률에서는 1/3에 불과한 것도 적색포도주와 마늘이 한 몫 하는 것(French paradox)으로 밝혀졌다. 마늘은 통째 먹기보다 으깨어 먹어야 항암성분이 극대화된다 하니 아린 맛이 느껴지더라도 꼭꼭 씹어먹도록 하자.

이상에서 보듯 우리가 무의식적으로 먹고 있는 가공된 식품이나 음료에는 몸을 해치는 유해물질이 함께 섞여있다. 미국의 한 식품학자는 '증조할머니가 먹었던 음식만 골라 먹자'는 건강캠페인을 벌인다. 할머니 세대만 하여도 각종 가공식품에 노출되어있어서이다. 반면 어머니가 손수 담근 김치나 나물무침, 멸치조림 같은 밑반찬에 두부, 파, 버섯 등을 송송 썰어넣은 된장찌개는 최상의 건강식이다. 어머니의 손맛에는 가족에 대한 사랑이 배어있기 때문이다.

글 도우미 : **김상운**(한국)
방송기자 출신으로 MBC 논설위원실 실장을 맡고 있다.

생각하는 식탁

여러분은 넘쳐나는 건강정보를 맹신하고 있진 않은가. 요즘 뜨고 있는 해독주스는 효과가 있을까, 전립선암을 예방하기 위해 토마토를 먹는 게 좋을까, 요거트는 장수에 도움이 될까, 고기는 먹는 게 좋은가 먹지 않는 게 좋은가. 이런 질문들에 망설임이 생긴다면 자칭 카트 끄는 잡식동물이라는 정재훈 약사의 말에 귀를 기울여 봐야 할 것이다.

먼저 토마토 이야기를 해 보자. 토마토는 보기와는 달리 과일이 아닌 채소로 분류된다. 미국 법정이 채소라고 최종판결을 내린 결과인데, 그 이면을 들춰보면 19세기 후반 남북전쟁 이후 수입 토마토가 쏟아져 들어오자 과일에 비해 관세율이 높은 채소로 분류하여 세금을 더 걷고 수입은 억제하려했던 미 정부의 의도가 반영된 결과임을 눈치채야한다. 어쨌든 서양 요리에서 토마토가 채소로 간주되는 이유는, 다른 과일들과 달리 토마토의 당분 함량이 양배추 수준으로 낮고, 식감을 돋우는 글루탐산(MSG)과 방향성 황 화합물이 풍부하여 요리재료로 많이 사용되기 때문이기도 하다.

2002년 미국의 〈TIME〉지는 라이코펜이 풍부한 토마토를 슈퍼푸드 10가지 중의 하나로 선정했다. '케첩, 수프, 소스 등 토마토로 조리된 음식은 전립선암과 기타 소화기암의 위험성 감소와 관련이 있다. 특히 강력한 항산화 성분인 라이코펜은 베타카로틴보다 월등한 자유래디 컬 제거효과를 보인다'고 설명을 덧붙였다. 이보다 좀 앞서 1990년 말 케첩 제조업체인 하인즈사가 대대적인 토마토케첩 광고를 내 보냈다. 'Lycopene may help reduce the risk of Prostate and Cervical cancer(라이 코펜이 전립선과 자궁경부암의 발생위험을 감소시킨다)'.

하지만 2004년 미국식품의약국(FDA)이 이러한 주장의 근거가 매우 빈약함을 지적했다. 이에 불복한 제조업자들이 두 건의 청원을 냈으나, 2007년 FDA는 여러 암의 위험성 감소와 라이코펜을 연관지을 수 있는 믿을 만한 근거가 불분명함을 재확인시켜 주었다. 오히려 하버드의대 조앤 맨슨 교수의 말대로 "음식은 매우 복잡하여 항산화제, 파이토케미컬, 섬유질이(하나하나로서가 아니라) 복합적으로 건강에 도움이 된다."는 사실을 받아들여야 할 것 같다.

기왕 먹는 토마토, 하인즈사의 주장대로 라이코펜이 더 들어간 케첩을 먹는 게 좋을까? 답변부터 한다면 그리 좋은 생각이 아니다. 케첩에는 건강에 좋다는 라이코펜보다 훨씬 많은 100ml당 26.7g의 당분이 들어있기 때문이다.(참고로 콜라 100ml에는 11g 함유). 2014년 WHO가 새롭게 내놓은 하루 당분 섭취량이 25g(6 티스푼) 이하임을 감안하면 과도한 당분이 케첩 속에 숨어있는 셈이다. 케첩뿐만이 아니다. 우리가 알게 모르게 먹는 음료, 과자 등 가공식품에는 설탕이 잔뜩 들어있다. 대한제당협회 자료에 의하면 4인 가족 기준 한 달 평균 9kg의 설탕을 섭취하고 있다한다.

오늘날 항산화제는 항암 식품의 대명사처럼 불린다. 과연 그럴까? 미국 국립암연구소가 1985년부터 1993년까지 흡연자를 대상으로 베타카로틴과 비타민E 두 종류의 항산화제를 복용시킨 결과, 위약 복용 그룹에 비해 폐암 발병률이 더 높게 나타나 충격을 주었다. 1996년 미국 워싱턴주에서 행한 연구(CARET; The beta-Carotene and Retinol Efficacy Trial)에서도 베타카로틴과 레티놀을 복용한 그룹이 그렇지 않은 그룹에 비해 폐암 발생률이 28%, 사망률이 17% 더 높게 나타났다.

왜 이런 결과가 나온 걸까. 바로 자유래디컬이 갖고 있는 양면성 때문이다. 적절한 자유래디컬은 유익한 기능을 수행하여, 면역계에서는 이러한 성질이 암 세포와 세균을 죽이는데 이용된다. 그렇지만 과잉의 자유래디컬은 우리 몸에 암과 같은 산화적 손상을 일으킨다. 항산화제도 마찬가지다. 적정 수준을 벗어난 항산화제는 악당으로 변할 수 있다. 생과일보다 당지수가 높은 주스를 경계해야 하는 이유도 과잉의 잉여 칼로리가 몸속에서 산화적 스트레스를 일으키기 때문이다. 그러다보니 항산화제를 챙겨 먹기 보다는 소식을 하는 편이 더 낫다는 얘기가 된다. 무분별하게 항산화지수를 맹신하기 보다는 생과일과 채소를 골고루 섭취하고 전체적으로 소식하는 식습관을 들이는 편이 낫다는 것이다.

미국 FDA가 라이코펜 단일성분만으로 약효를 인정하지 않은 점은 특정기업의 상술에 휘둘리지 말라는 일종의 경고조치이다. 건강기능식품으로 각광을 받고 있는 아싸이베리, 블루베리, 아로니아, 노니 등도 그 효과가 정확히 입증되지 않은 채 카더라 식품으로 팔리고 있다. 세계적인 해독주스 열풍도 알고 보면 카더라 식품이다. 배추는 삶고, 과일은 생으로 함께 갈아 먹는 게 특징이다. 생채소의 흡수율이 10%에 불과한 반면 이걸 삶으면 60%, 갈아 먹으면 90%까지 흡수율을 높일 수 있다는 논리다.

그렇다면 과연 해독효과는 어떠할까. 해독주스에 쓰이는 양배추와 브로콜리를 많이 먹으면 간에서 일부 대사효소가 생성된다. 맞는 말이다. 하지만 뒤집어 생각하면 이는 우리 몸에 뭔가 들어왔다는 응답신호에 불과하다고 여길 수 있다는 것이다. 담배를 피워도 양배추나 브로콜리 즙처럼 대사효소가 유도된다. 담배 연기 속의 해로운 화학성분에도 민감하게 반응하듯이 간의 대사효소 작용은 불완전해서, 해독제를 찾기 보다는 해당 물질을 멀리하는 게 더 현명하다.

채소와 과일이 우리 몸에 좋은 진짜 이유는 낮은 흡수율 때문일 수 있다. 앞서보듯이 해독주스처럼 삶고 갈지 않은 채 생으로 먹게 되면 90%를 버리게 되고, 삶기만 해서 먹으면 40%를 버려야 한다. 역설적이게도 소화 흡수되지 않고 버리게 된다는 섬유질이 장 운동에 도움을 주고 장내 환경을 이롭게 만든다. 흡수율 극대화를 목적으로 자연 그대로의 영양소를 삶고 갈아 만들어낸 해독주스는 버림의 미학을 저버린 불필요한 유행(Fad)에 불과할 수 있다. 영국 BBC 방송은 '해독 다이어트(Detox diet)'의 효과 없음을 실험으로 증명했고, 미국 공영 라디오방송인 NRP도 심리적인 착각현상에 불과하다고 꼬집었다.

그렇다면 해독주스로 효과를 봤다는 연예인들의 이야기는 거짓인

가. 꼭 그렇지는 않다. 진실은 원푸드 다이어트(One Food Diet)에 있다. 열량이 300kcal나 되는 도너츠 다이어트로도 살을 뺀 사례가 발생하는 것은 한 가지 메뉴로 수개월을 섭취하다보면 맛에 질려 먹는 양, 즉 칼로리 섭취량을 줄이게 되기 때문이다.

원푸드 다이어트처럼 음식의 종류를 극도로 제한하는 것도 위험하지만 지나치게 다양한 음식을 섭취해도 과체중과 비만으로 이어진다. 잡식동물인 인간으로서는 식품 다양성의 균형점을 찾는 일이 중요하다. 다양성은 삶의 양념이자 즐거움이다. 단지 과도한 다양성을 경계해야 한다. 가공식품을 멀리하고 신선한 로컬푸드를 즐기고, 골고루 먹되 과식하지 않도록 하라. 이게 정답이다.

요거트에 대해 이야기하기 전에 재료가 되는 우유에 대해 잠시 알아보자. 우유는 말 그대로 소젖이다. 이는 50일 만에 두 배로 커지는 송아지에게 먹이기에 적합하게 조성되어 있다 보니 100일 정도 되어야 2배로 성장하는 아기에겐 영양과잉이다. 특히 대부분의 동양인에겐 적절치 않다. 바로 유당(Lactose) 때문이다. 우리나라 사람 4명 중에 3명은 유당분해효소(Lactase)가 없거나 결핍되어 있어서 마신 뒤 한 두 시간에 복통과 설사를 일으킨다. 나도 그 중의 한 사람이다.

그렇다면 발효유인 요거트는 완전식품일까. 불가리아 목동들이 즐겨 마시는 발효우유에서 장수의 비결을 찾고자 했던 메치니코프의 노력으로 오늘날까지 장수식품의 대명사로 불리고 있다. 나쁜 세균을 죽이는 Antibiotic 개념과 정반대로, 장내 세균을 살리는 Probiotic은 유익한 미생물, 즉 살아있는 유산균이 주종을 이룬다. 요거트 1병에는 대략 900억에서 5,000억 마리의 생균이 존재한다. 불행히도 장까지 살아가는 유산균 수는 아직 아무도 모른다. 도중에 죽더라도 유산균 사체가 정상세균의 먹이가 되므로 몽땅 살아서 가도록 애 쓸 필요가 없다는 주장도 나온다. 다만 이 역시 너무 많은 양을 섭취할 경우 정상세균총 간에 교란이 일어날 수 있다. 장내 발효가 지나치면, 가스가 차거나 복통, 설사 등의 대장 증상을 유발할 수 있기 때문이다. 모든 게 과유불급이다.

끝으로 육류 섭취에 대해 알아보자. 식약처에 따르면 2013년 우리나라 사람들의 1인 평균 연간 육류 섭취량은 43.7kg로 1970년에 비해 8배 넘게 늘어났다. 한 마디로 단백질-칼로리 영양과잉(protein-calorie overnutrition) 상태에 놓이다보니 비만인구도 폭발적으로 늘어났다. 단백질과 철분이 풍부한 육식은 활동성을 요하는 인간에게 보약과 같은 영양소이지만, 이 역시 과잉이 되면 지방 축적과 질병 야기라는 문제를

드러낸다. 특히 육류는 고기를 굽는 과정에 HCA, AGEs, PAH 같은 해로운 화학물질이 생성되어 세포의 DNA를 손상시키고 노화 및 암도 유발한다. 또한 소시지, 햄 같은 가공육에 들어가는 아질산염은 발암물질을 생성하는 것으로 밝혀져 있다. 또한 식품 1kg을 생산하면서 배출되는 탄소 발자국(CO_2/kg)을 비교해 보면 소고기(17kg)는 밀(0.4kg)의 무려 40배 이상에 이른다. 환경을 생각해서라도 육류 섭취는 줄여야 한다.

※ 주요 식품의 탄소발자국(CO2/kg) 비교표

소고기	치즈	연어	돼지고기	토마토	닭	우유	밀
17.0	10.7	5.0	4.2	2.8	2.0	1.0	0.4

Source: Lantmannen Foods

미국 신시내티대학의 스티븐 우즈 교수 말대로 모든 음식에는 '섭식(攝食)의 역설'이 존재한다. 생존에 반드시 필요한 일이면서도 섭취된 영양분이 신체 내부의 정교한 균형을 깨트리는 악역도 담당한다는 것이다. 거대영양소이든 미세영양소이든 골고루 포함하는 균형 잡힌 식단이 가장 바람직하다. 마트에 장을 보러가더라도 다양성이라는 잣대를 잊지 말라, 잡식동물의 딜레마는 바로 여러분 스스로의 선택에서 비롯되는 것이다.

글 도우미 : **정재훈**(한국)
미국 미시건주, 캐나다 온타리오주 약사이며 대한약사회 약바로쓰기 운동본부 위원이다.

우리 가족을 지키는 황금면역력

영양면역학(NI: Nutritional Immunology)? 이는 미국 브리검 영 대학에서 미생물학 박사 학위를 받고 동 대학에서 다년간 면역학 교수를 역임했던 자우페이 첸 박사가 주창한 특수과학의 한 분야이다. 즉 영양소와 면역시스템 간의 상관관계를 밝혀 면역력을 높이려는 예방의학적 접근 방식의 학문이라고 이해하면 되겠다.

본문에 들어가기에 앞서 그는 암(Cancer)에 주목한다. 암은 전 세계 사망자의 12%(우리나라는 26%)를 차지할 정도로 사망률이 매우 높은 난치성 질환이다. 더욱이 매년 증가추세여서 2020년에는 전 세계 암 발생률이 50% 증가하여 증가 숫자만도 1,500만 명에 이를 것으로 예측된다. 급속한 인구의 노령화, 잘못된 식습관, 스트레스 및 운동부족 등이 원인으로 밝혀지고 있으며, 이를 억제할 가장 경제적이고 효과적인 방법으로 영양면역학이 우선되어야 함을 강조하고 있는 것이다. 그렇다고 식품 섭취만의 해결책을 제시하는 것은 아니다. 정기검진과 건강교육 등 예방의학적 접근에 충실하고, 균형 잡힌 식사 외에 적당한 운동, 금주 금연, 심신의 조화와 같은 기본적인 건강수칙을 잘 따라야 한다고 조언한다.

미국의 「식품지침 피라미드(Food Guide Pyramid)」는 '적당한 영양소'로 다량영양소+미량영양소+섬유소의 균형식을 꼽는다. 여기서 다량영양소는 탄수화물, 지방, 단백질 등 생존에 불가결한 기본 영양소를 지칭하는 반면, 미량영양소는 항산화제, 식물영양소, 다당체 등과 같은 식물성 화합물을 일컫는다. 또한 식물성 식품에만 들어있는 섬유소(Fiber)는 소화를 촉진하고 배변을 도우며 결장과 대장의 기능을 회복시키는 중요한 역할을 한다. 그런데 기아에 허덕이던 과거와 달리 현대인들은 다량영양소들을 손쉽게 섭취하고 있으면서도, 면역력을 높이는 미량영양소 및 섬유소 섭취에는 소홀하다는 지적이다. 그러다보니 식품의 균형이 깨져서 허우대만 멀쩡할 뿐 질병에 쉽게 노출되는 약골이 되고 마는 것이다.

영양면역학에서는 바람직한 천연의 식물성 영양소를 가려내어 품종, 재배연도, 이용부위, 수확기 및 처리기술 등을 연구한다. 가장 유익한 영양소를 추출하고 배합하기 위함이다. 모든 식물이 면역력을 길러주는 건 아니다. 담배잎, 코카잎(코카인 원료), 대마(마리화나 원료), 양귀비(헤로인/모르핀 원료) 등은 인체에 유해하다. 부작용 없이 효과가 뛰어난 식물을 골라내는 작업이 선행되어야 한다는 것이다. 또한 한두 가지 식물로는 우리 몸이 필요로 하는 영양소를 다 제공하지 못하므로 10가지 이상의 식물성 영양소를 골고루 섭취하도록 권고한다. 핵심적인 3가지, 즉 항산화제, 식물영양소, 버섯다당체가 담긴 최고의 영양 성분으로 말이다.

1. 항산화제(Anti-oxidants)

흡연, 유독성분 등에 과다 노출될 때 생성되는 유리기(불안정하여 반응성이 큰 유리상태의 분자)의 산화작용을 억제하여 세포의 파괴를 예방하는 화합물을 말한다. 유리기는 단백질, 세포막 또는 DNA까지 돌변시킬 만큼 가공할 파괴력을 지니는데, 이를 적절히 제어하지 못하면 암 또는 각종 퇴화성 질환이 야기된다.

우리 인체에는 유리기를 무해한 산소 분자와 물로 분해하는 내원성 항산화제가 존재하지만 외연성 항산화제의 도움 없이는 과다한 유리기를 완전히 배출시킬 순 없으므로 항산화제가 풍부한 식품을 섭취해 줘야 한다.

성분	주요 함유식품
카로틴	당근, 살구, 호박, 망고, 일부 녹색 잎채소
비타민A	고구마, 당근
루테인	시금치, 양배추
비타민C	레몬, 감귤류, 브로콜리, 고추
라이코펜	토마토, 수박, 구아바, 자몽, 살구
비타민E	망고, 진녹색채소, 아몬드, 소맥배아유, 홍화씨유, 옥수수유, 콩기름

2. 식물영양소(Phytochemicals)

크게 인돌, 이소티오시안산, 플라보노이드, 이소플라본 네 가지로 분류된다. 과일이나 채소, 본초식물들이 스스로의 생명유지를 위해 함유하고 있는 고유의 식물성 화합물을 통칭하며 과일과 채소의 색깔, 씹는 맛, 냄새 등과 연관이 있다. 항산화제 역할을 겸하기도 하며, 콜레스테롤 수치 및 혈당 수치를 정상화하는 역할을 하기도 한다.

성분	주요 함유식품
Indoles	콜리플라워, 브로콜리, 양배추, 갓(겨자)
Isothiocyanates	브로콜리, 콜리프라워, 양배추, 갓(겨자), 케일,
Flavonoids	양파, 고구마, 감귤류, 딸기류
Isoflavones	콩류

3. 다당체(Polysaccharides)

단당류가 여러 개 이어진 큰 분자로서 버섯 종류 및 진주에 많이 들어 있다. 버섯다당체는 면역세포를 활성화하고 종양의 성장을 억제한다. 면역시스템의 균형을 유지하고 NK세포와 인터페론, 인터류킨의 성장을 촉진하여 암 세포와 바이러스를 제거하는 효과가 매우 탁월하다.

- 아가리쿠스/영지버섯/운지버섯/표고버섯/잎새버섯

그렇다면 시판되고 있는 다른 비타민제나 건강기능식품들과 영양면역학이 추구하는 식물영양소와는 어떤 차이가 있을까. 우선 미국 식품영양학회가 정한 주요 영양소의 일일영양권장량(RDA; Recommended Daily Allowance) 및 과다 섭취시 나타나는 문제점을 살펴보자.

영양소	RDA	과다섭취시 부작용
비타민A	3000mg	두통, 졸음, 시력저하 / 구역, 구토 / 습진, 피부건조 / 간 손상 / 근육 또는 골격 통증
비타민B3	35mg	두통 / 설사, 구토, 소화성궤양 / 천식 / 황달, 간기능이상
비타민B6	100mg	경미한 증상(마비 / 균형감상실, 손발마비 / 운동실조증)
비타민C	2000mg	설사, 직장출혈, 구역질 / 여성호르몬수치상승 / 신장결석 / 용혈현상 / 심장, 간질환유발
비타민D	50mg	두통, 변비 / 등통증, 근육이완 / 신장, 심장, 간장손상 유발
비타민E	1000mg	두통, 피로 /구토 / 어혈상처, 출혈 / 근육이완 / 면역기능약화, 중풍유발

Ca(칼슘)	2500mg	길숨침칙 -> 신장, 심장 손상유도
Fe(철)	45mg	구역질, 구토 / 변비, 설사 / 간장노화 / 심장질환유도
Zn(아연)	40mg	면역기능 저하 / 혈관계질환 유발

왜 이런 결과가 초래되는 걸까. RDA는 통상 매일 2000kcal를 섭취하는 성인 남성을 기준으로 정해진 것이다. 일반적으로 인체에 필요한 비타민이나 미네랄은 그 필요량이 사람마다 제각각 달라서 아무리 이 기준을 따른다 해도 그 사람의 식사량, 체중, 나이, 체질 등에 정확히 맞출 수는 없다. 비타민C와 B 같은 수용성 비타민은 과다 섭취시 소변을 통해 체외로 배출된다고 하지만 과다 정도가 지나치거나 오래 갈 경우 통증, 마비, 중독, 염증, 장기손상 등의 이상증세가 나타날 수 있는 것이다.

그런 반면 특정 영양성분을 화학적으로 추출 처리한 가공제품에 비해, 식물 그 자체를 천연상태로 완벽하게 조합시킨 영양면역학 제품은 비타민, 미네랄, 항산화제, 식물영양소, 다당체 등 영양성분 외에도 인체에 유익한 각종 화합물, 섬유소, 효소, 코엔자임, 아미노산 등을 골고루 함유하고 있어 자연식에 가깝다. 다시 말해 신선한 과일과 야채를 먹는 것과 동일한 효과를 나타낸다는 것이다.

파이토케미컬(Phytochemicals)은 "Phyto-(식물)"과 "Chemical(화학물질)"의 결합어이다. 식물이 자외선과 벌레 등 유해물질로부터 스스로를 지키기 위해 만들어내는 색소이자 고유한 맛의 원인이 되는 기능성 성분을 말한다. 발견 역사는 20여 년에 불과하지만, 총 1만 가지에 이를 것으로 보며 현재까지 900여종이 밝혀져 있다. 여러 연구 결과 항산화작용, 면역작용, 및 항암작용이 있음이 입증되었다.

주요식품	파이토케미컬명	특징 및 작용
당근	α-카로틴	적황색 색소, 프로비타민A, 강한 항산화작용
토마토	라이코펜	적색 색소, 베타카로틴의 2배, 비타민E의 10배 항산화력
포도	안토시아닌	자주색 색소, 항산화, 눈기능저하 방지
녹차	카테킨	녹차 쓴맛작용, 항산화, 혈액응고방지, 콜레스테롤감소
자몽	비오플라보노이드	담황색 색소, 항산화, 혈류개선, 비타민C흡수촉진
깨	세사민	고마리구난 일종, 항산화, LDL감소, 알코올분해
생강	쇼가올	매운맛 성분, 항산화, 혈행, 냉기개선, 살균, 식욕증진
양파	케르세틴	황색 색소, 항산화, 혈액정화, 동맥경화예방
커피원두	클로로겐산	쓴맛 성분, 항산화, 혈당급상승억제, 간암, 직장암억제
콩	이소플라본	콩배아, 갱년기증세해소, 동맥경화예방
울금	커큐민	황색 색소, 간기능해독, 담즙분비촉진, 항산화
새우	아스탁잔틴	적색 색소, 비타민E 1천배 항산화, 동맥경화예방
마늘	황화알릴	매운맛 성분, 당대사촉진, 피로회복
카카오	카카오마스폴리페놀	쓴맛 성분, 항산화, 동맥경화예방, 면역증강

브로콜리	실포라판	쓴맛 성분, 항암작용, 해독작용
오크라	클로로필	녹황색 색소, 항산화, 항암, 살균작용
옥수수	루테인	황색 색소, 항산화, 망막산화방지, 동맥경화예방
새싹	이소티오시아네트	쓴맛 성분, 소화액분비촉진, 대장균살균, 항산화

영양면역학이 추구하는 세계는 질병 없는 사회이다. 그러므로 아프기 전에 일상적인 식사에서 면역증강 영양분을 충분히 섭취할 것을 권장한다. 황금면역력의 핵심은 "항산화제, 식물영양소, 버섯다당체, 이 세 가지 영양 성분이 풍부한 식물성 식품을 많이 섭취하라"는 것이다. "잘 먹는 것만으로도 암의 1/3은 예방 가능하다"는 WHO의 발표는 결코 빈 말이 아니다.

글 도우미 : Jau-Fei Chen(미국)
대만계 미국인으로 영양면역학계의 권위자이자 E.Excel Int'l 창업자이다.

음식문맹자, 음식시민을 만나다

문맹자라 함은 "글을 읽고 쓸 줄 모르는 무식한 사람"을 일컫는다. 여기에 '음식'이란 수식어를 갖다 붙이면 "음식을 중요하게 여기지 않거나 감사할 줄 모르는 사람, 음식에 대해 잘 모르거나 알더라도 잘못 알고 있는 사람, 음식에 대해 아무런 성찰이 없으면서 만들거나 다루는 기술도 없는 사람, 심지어는 음식에 대해 허위의식을 가진 사람"을 뜻하는 음식문맹자가 된다.

예를 들어, "유전자조작은 극히 일부 작물에서 행해지고 모든 나라에서 유전자조작 식품에 대해 의무표시를 한다, 지방은 나쁜 것이고 무지방(Fat free) 표시는 지방이 없는 것을 의미한다, 외국산 유기농산물은 친환경적이다, 바닐라 향은 모두 천연 향이다, 기아는 후진국에만 있다, 말고기는 먹을 수 없으며 꽃등심이 최고의 소고기다." 라고 믿는 사람이 있다면 당신은 음식문맹자에 가깝다. 그러나 안타깝게도 대부분의 현대인들이 음식문맹자 수준에 놓여있으니 부끄러워할 일도 아니다. 문제는 그 결과 음식의 호·불호를 가려내지 못한 채 나쁜 음식을 잔뜩 먹게 됨은 물론 나쁜 음식 생산과 공급의 공범자가 되고 만다는 것이다.

우리나라의 실태를 수치를 통해 알아보면 더욱 충격적이다. 먼저 2007년에 전주지역 초등학교 고학년을 상대로 5대 영양소에 대한 영양지식 수준을 알아본 결과, '비타민 섭취를 위해 신선한 과일을 먹어야 한다거나 두부가 훌륭한 단백질'이라는 데에 대해서는 90% 이상의 정답률을 보인 반면, '근육과 피를 만드는 것이 탄수화물'이라거나 '콜라와 소다수에 칼로리가 없다'는 엉터리 답에는 50% 이하의 정답률을 기록했다. '칼슘이 부족하면 빈혈에 걸린다.'는 그릇된 표현에는 무려 14% 정도만이 정답을 가려내었다. 한심한 결과가 아닐 수 없다.

※ 주요국의 1인당 연간 라면소비량 비교

한국	인도네시아	베트남	일본	태국	중국	필리핀	미국	브라질	인도
74.87	58.5	52.8	43.3	42.9	31.6	20.7	12.8	10.4	2.9

출처: World Instant Noodle Association(2011년)

의식수준뿐만 아니라 실제의 식습관 수준은 더 가관이다. 패스트푸드의 대표 격인 라면 섭취량에서 다른 나라들이 추종을 불허할 정도로 높은 1위 자리를 차지했기 때문이다. 라멘의 종주국인 일본에 비해서도 무려 75% 가량 많은 수치다.

　음식시민은 음식문맹자의 정반대되는 개념이다. '음식에 대해 잘 알고 감사하게 여기며 음식과 올바른 관계를 맺고 음식을 다루거나 만드는 기술을 터득한 사람'이다. 그러면 왜 음식시민이 되어야 하는가? 첫째는 음식문맹이 야기하는 피해를 줄이기 위해서다. 쓰레기 같은 음식을 대충 먹다보면 가족구성원 전체의 건강을 해칠 수밖에 없다. 식품의 다양성을 줄이고 환경도 파괴하니 마땅히 그 피해를 미연에 방지해야 한다. 둘째 음식문맹으로 인한 결과를 완화하기 위해서다. 기업형 세계식량체계에 순응하다보니 대규모 영농으로 인해 가족농이 설 땅이 없어지고 음식 상품만 난무하는 영농문화가 확산되고 있다. 지역식량체계를 되살리는 게 급선무다. 셋째 온전한 음식을 먹기 위해서다. 정체불명의 글로벌·패스트 푸드 대신 몸에 좋은 슬로푸드(발효식품), 로컬푸드(지역음식), 제철음식을 먹어야 한다. 좋은 음식이 행복의 원천이기 때문이다.

　그렇다면 음식시민은 어떤 행동을 해야 하는가? 음식시민운동을 펼치고 있는 미국 코넬대학의 제니퍼 월킨스(Jenifer Wilkins) 교수는 음식시민이 지향해야 할 행동으로 다음 11가지 사항을 제시하고 있다.

- 세계적(global)으로 생각하고 지역적(local)으로 먹는다.
- 제철음식(season food)을 즐긴다.
- 식량관련 정책에 적극 참여한다.
- 농민과 직접 거래하고 이들과 소통한다.
- 호기심 있는 소비자가 된다.
- 먹이사슬에서 낮은 단계의 식품을 많이 먹는다(곡물채소80:육류 20).
- 육식의 경우, 공장형 사육보다 자연 방목형 육고기를 먹는다.
- 덜 가공된 거친 음식을 먹는다.
- 생물다양성 보존을 위해 여러 가지 음식을 먹는다.
- 로컬푸드를 공급하는 인근의 판매점, 식당을 찾는다.
- 직접 음식을 조리해 먹는다.

이와 관련한 여러 가지 대안 운동이 활발히 진행되고 있다. 도시농업운동, 학교텃밭운동, 채식운동, 생협운동, 로하스운동 등이 그 예인데, 실효를 거두고 있는 슬로푸드 운동과 로컬푸드 운동에 대해 잠깐 소개 글을 올린다.

1. 슬로푸드 운동

1986년 미국의 맥도날드가 이탈리아에 진출할 때, 패스트푸드에 대항하여 미각의 즐거움, 전통 음식의 보존 등을 내세운 운동이 전개되었다. 1989년 슬로푸드 선언문이 발표되면서 국제적인 운동으로 확대되어 현재 150여 개국에서 10만 여명이 회원으로 활동하고 있다. 선언문에서 보듯 "이미 확인된 감각적 즐거움과 느리며 오래 가는 기쁨을 적절하게 누릴" 권리를 지키자는 운동이다. 주요행사인 테라 마드레(Terra Madre)는 자연을 의미하는 '대지'와 '어머니'의 합성어로 대지가 우리에게 자양분을 공급해 주는 어머니 역할을 하므로 먹거리 공동체(Food Community)를 형성하여 이를 잘 보존 유지하자는 뜻이 담겨있다.

2. 로컬푸드 운동

이 운동은 세계식량체계 방식으로 생산 · 유통 · 소비되는 글로벌 푸드를 문제 삼고 그 대안인 지역식량체계를 통한 로컬푸드를 확산시키자는 데 목적이 있다. 이는 국제정세 불안, 천재지변, 유가인상 등에 휘둘리는 세계식량체계의 취약성과 지역의 식량보장을 위협하고 기존의 영농환경을 악화시킴은 물론 환경오염을 유발하는 세계식량체계의 문제점, 무엇보다 신선하고 영양 많은 로컬푸드의 장점을 소비자들이 재인식하게 되면서 싹트게 되었다. 우리나라에서도 2009년 전국

여성농민회총연합이 주도한 '언니네텃밭', 2010년 완주로컬푸드영농조합이 시행한 '건강밥상 꾸러미사업' 등이 소비자의 호평을 받으면서 타 지역으로도 확산되는 추세이다.

　사회철학자 마르쿠제(Herbert Marcuse)는 그의 저서 〈1차원적 인간〉을 통해 체제에 무비판적으로 순응하는 사람을 1차원적 인간이라고 정의했다. '아니오!' 라는 말을 던질 줄 모르는 음식문맹자는 분명 1차원적 인간임에 틀림없다. 거대자본에 의한 세계식량체계가 야기하는 여러 가지 문제점이나 부작용을 간과한 채 순응하다보면 우리가 바라는 식량민주주의의 실현은 요원해진다. 의심하고 거부하고 공부하라! 음식문맹을 벗어나는 길이 더 요원해지기 전에.

글 도우미 : **김종덕**(한국)
경남대학교 사회학과 교수로 슬로푸드문화원 이사장을 맡고 있다.

밥상을 다시 차리자

하루의 일과는 먹는 일로 시작하여 먹는 일로 마감한다 해도 과언이 아니다. 나는 일어나자마자 생수를 한 잔 마신다. 긴 수면 후에 취하는 습관적 행동이다. 아침밥을 먹는 둥 마는 둥 출근하면 회사에선 커피나 차를 마시는 일로 업무를 시작한다. 웬만큼 바쁘더라도 시계바늘이 정오를 땡 가리키면 내 몸은 절로 식당을 찾는다. 퇴근길에 친구를 만나는 날엔 으레 단골 술집을 찾는다. 그렇게 배를 불리고도 집에 돌아오면 따끈한 국물이 있는 야참을 찾는다. 잠자리에 들기 전 주전부리를 찾는 일도 흔하다.

나만 그럴까. 아닐 것이다. 식사가 습관으로 굳어진 점은 인간의 생존본능에서 비롯되었음은 두말할 나위도 없다. 먹는 일이 선행되어야 정신활동도, 육체활동도 가능해지기 때문이다. 하지만 잘못된 식습관이 인간을 병들게 하고 있다는 사실 또한 부인할 수 없다. 아토피, 비만 같은 식원병(食原病)은 말 그대로 식사가 직접적인 원인이다. 약사이자 식생활교육강사로 활동하는 김수현은 오늘날의 밥상이 흙탕물로 변하였음을 개탄한다. 예전의 맑은 물을 되찾기 위해 흙탕물은 시간을 두고 가라앉혀야 한다고 말한다. 지금이 바로 그때다! 더 이상 늦추지 말기를 바라는 뜻에서 잘못된 식습관에 대한 이야기를 들려주고자 한다.

1. 수저 사용 습관

원래 숟가락은 밥과 국을, 젓가락은 반찬을 집어먹도록 고안되었다. 그런데 언제부터인지 젓가락으로 밥을 먹는 사람 수가 늘어났다. 특히 날씬한 몸매를 원하는 여성 쪽이 더 그런 현상을 보이고 있다. 젓가락으로 밥알을 헤아리듯 먹어야 밥을 적게 먹게 된다는 계산이 깔린 행동이다. 그런데 놀랍게도 젓가락으로 밥을 먹는 여성이 날씬해지기는커녕 오히려 비만해지고 덜 건강해진다. 왜 그럴까? 밥을 적게 먹는 대신 염분과 칼로리가 많은 반찬을 더 많이 먹게 되고 밥알도 오래 씹지 않기 때문이다. 올바른 수저사용법은 숟가락으로 밥을 먹되 밥을 천천히 씹는 동안 숟가락을 내려놓고 시차를 둔 다음 젓가락으로 반찬을 집어먹는 방식이다. 양손으로 밥과 반찬을 퍼 넣는 행동이나 국물음식에 숟가락을 먼저 갖다 대는 습관도 자제해야 한다.

2. 식사횟수 습관

일반인들의 하루 세 끼 식사횟수와는 달리 텍사스 주립대학 노화 연구소장인 유병팔 박사는 하루 한 끼, 언론교육인 김동길 교수는 하루 두 끼를 고집한다. 유 박사는 자신처럼 매끼 1750kcal 열량의 잡곡밥, 등푸른생선, 식후 과일만으로 하루 식사를 끝내도 125세까지 살 수 있다고 강변한다. 아침 거르기의 근거로 주로 그 시간대에 행해지는 배설 기능을 돕기 위해서라고 주장하는 이도 있다. 사실 하루 3식 원칙은 물질의 대사와 배설이 촉진되는 낮 시간과 흡수 합성이 촉진되는 밤 시간에 신체 리듬을 맡긴 결과일 뿐, 모든 사람에게 똑같이 적용되는 건 아닌 것 같다. 장수하는 사람들의 공통점이 절식과 소식이었기 때문이다. 하지만 노동강도가 높은 블루칼라 직업군은 고칼로리를 섭취해야 하고, 소식을 하더라도 영양소의 균형을 잘 맞추어야 할 것이다.

3. 고기만 먹는 습관

혹시 당신은 변비가 잦은가? 십중팔구 고기만 좋아해서일 것이다. 장의 탄력과 운동성은 채소 해조류 통곡식에 많은 섬유질과 깊은 관련이 있다. 섬유질 결핍은 노폐물 배설을 더디게 하고 고단백 식품이 만들어내는 암모니아 같은 질소화합물 배설도 지연시킨다. 또한 고지방

식사는 면역저하를 통한 만성질환을 유발함은 물론, 담즙의 분비를 증가시켜 장내세균에 의한 3-메틸콜란트렌(3-methylcholanthrene)이라는 발암물질을 생성한다. 육류에는 유황과 인 같은 미네랄도 많이 들어있어서 체액을 산성화시키는 악역도 담당한다. 쇠고기 100g 속의 칼슘과 인의 비율은 4:190인데, 다량의 인은 혈액 속의 칼슘, 마그네슘 등과 결합하여 체외배출을 유도시켜 우리 몸이 필요로 하는 중요 미네랄을 잃게 만드는 역할도 하는 것이다. 고기를 먹을 땐 '고기 먼저, 밥은 나중' 식의 상술에 놀아나지 말고 반드시 밥과 반찬을 함께 먹으면서 가능한 한 고기는 적게 먹는 게 최고다.

4. 물 마시는 습관

살찐 사람은 으레 물 탓을 많이 한다. 과연 그럴까. 이들은 대개 국물음식을 좋아하는데 엄밀히 말해 국물에 들어있는 염분이 원흉임을 알아야 한다. 우리 몸의 체액은 0.9%의 생리식염수로 되어있다. 체내의 염분이 지나치면 인체는 그 농도를 유지하기 위해 자연스레 물을 필요로 한다. 애꿎게도 원인이 결과를 나무라는 꼴인 것이다. 물은 대사와 배설에서 없어서는 안 될 매우 중요한 역할을 한다. 인체 내의 모든 생화학 반응은 물과 산소와 영양소라는 유기물에 의해 일어나기 때문이다. 인체는 하루 평균 소변으로 1500ml, 대변으로 100ml, 피부로 600ml, 폐호흡으로 400ml의 물을 노폐물과 함께 배설한다. 합쳐서 2600ml이다. 그러니 음식으로 들어오는 수분의 양과 섭취된 음식이 만들어내는 수분의 양을 감안하더라도 물은 하루 1500ml 이상 마시는 게 좋다.

5. 야식 습관

인체는 정밀한 기계와 같다. 낮에는 분해 · 대사 기능을 원활히 하도록 자율신경의 교감신경이 활발히 작동되지만, 밤이면 인체에 필요한 물질들을 흡수 · 합성하기 위해 자율신경의 부교감신경이 활발히 움직인다. 따라서 야간에 먹는 음식은 제대로 흡수 분해되지 않고 축적되어 살을 찌게 하는 원인이 되고 자율적인 생체시계를 거스르는 역작용을 일으킨다. 낮에 잘 먹지 않은 대부분의 사람이 밤에 폭식하게 되는 이유는 낮 시간의 교감신경이 극도로 긴장을 하여 식욕을 잃게 만든 탓이요, 밤에는 부교감신경이 흥분하여 거꾸로 식욕을 항진시키기 때문이다. 낮 시간의 스트레스와 잘못된 야식습관으로 생체시계를 거스르지 말라.

6. 밥 먹으며 딴 짓하는 습관

밥을 먹으면서 TV를 보거나, 신문을 읽거나, 음악을 들으며 책을 펼친다. 심지어는 헬스기구에 올라타고서 밥을 씹기도 한다. 밥을 먹는 행위는 위장을 움직이겠다는 신호인데, 머리 쓰는 일을 함께 해 버리면 혈액은 뇌로 몰리고 상대적으로 소화기능은 저하될 수밖에 없다. 집중학습이 공부에 필수이듯이 먹을 때도 감사하는 마음으로 먹는 일에 집중하는 것이 좋겠다.

7. 말아 먹는 습관

한의학에서는 물을 음(陰)이라 간주하여 뚱뚱하고 체격이 좋은 음 체질에겐 삼가도록 권한다. 하지만 실제로는 음 체질의 많은 사람들이 물 말아 먹기를 즐긴다. 이런저런 이유로 물은 체질의 문제라기보다 순환의 문제로 봐야 한다. 수분의 대사·순환이 제대로 일어나지 않는다면 인체의 특정부위에서는 수분의 결핍상태가 나타나고, 이는 무한정 갈증으로 나타날 수 있는 것이다. 물과 국과 찌개에 밥 말아먹기를 좋아하는 것은 체질 때문만은 아니다. 대체로 빨리 먹기 위한 방편인데, 이런 습관은 씹지 않고 넘기므로 음식의 소화를 방해하고 과식을 유발하며 과량의 염분을 섭취할 우려가 크다. 이왕 드시려면 따로국밥으로 드시라.

8. 찍어먹는 습관

간장을 찍고, 소금을 찍고, 된장 · 고추장을 찍고, 각종 소스를 찍고… 우리의 음식문화는 찍어먹는 습관에 길들여져 있다. 그런데 찍어먹는 음식에는 하나같이 염분이 들어가 있다. 라면 한 봉지만 하더라도 5g 이상의 소금이 들어있다. 아무리 싱겁게 반찬을 만들어도 여기저기 찍어 먹다보니 모르긴 몰라도 우리나라 사람들의 하루 소금섭취량은 30g 이상에 육박하리라 예측된다. 미국의 1일 권장 소금섭취량 5g에 비하면 무려 6배 이상이 되는 수치다. 그러니 소금통을 멀리하고 양념을 덜한 음식, 드레싱을 덜한 야채샐러드를 먹도록 하고, 기왕의 소금이면 정백염 대신 미네랄이 함유된 천일염을 사용하도록 하자.

9. 빨리 먹는 습관

뚱뚱한 사람은 대체로 급하게 빨리 먹는다. 급하게 씹지 않고 삼키게 되면 뇌의 만복중추는 포만감을 느끼지 못해 계속 먹도록 조정한다. 한참을 먹은 후에야 숨쉬기조차 힘들다며 과식을 후회해도 소용없다. 만복중추를 만족시키는 콜레시스토키닌(cholecystokinin)이라는 호르몬은 식사를 시작한 지 20여분이 지나서야 분비되기 시작하므로 그 전에 식사를 끝내버리면 필요 이상의 칼로리가 입안으로 들어오고 있음을 감지하지 못해서이다. 더욱이 콜레시스토키닌의 분비를 촉진시키는 페닐알라닌(phenylalanine)이라는 아미노산은 갑상선호르몬, 스트레스호르몬, 엔돌핀 등의 과다 생성시 결핍 증세가 나타나므로 빨리 먹는 습관 조절이 잘 안 될 경우에는 원인치료를 받도록 해야 한다. 의도적으로 빨리 먹는 문제를 방지하려면 딱딱하고 질긴 음식을 밥상에 함께 올리는 일이다.

10. 간식을 즐기는 습관

간식 좋아하는 사람치고 건강한 사람이 없다. 간식으로 먹는 과자류의 대부분이 설탕과 지방 덩어리라서 건강을 해칠 뿐만 아니라 기분마저 상하게 만들기 때문이다. 그 부드럽고 달콤한 맛을 즐기는 동안만 기분을 좋게 할 뿐이지 실제 일의 능률은 떨어진다. 또한 먹은 간식을 소화시키기 위해 위장이 쉴 틈이 없게 되고 혈류가 계속 위장 주변에 몰리게 되니 뇌와 사지 말단에서는 영양과 산소 부족 증상이 일어날 수 있다. 밥 먹은 뒤 더 피로를 느끼게 되는 식곤증이 바로 이런 이유 때문이다. 식사와 식사 사이를 편히 쉬게 하는 것이 올바른 습관이다.

이상 식사와 관련된 열 가지 잘못된 습관을 살펴보았다. 누구나 마음만 먹으면 고칠 수 있는 손쉬운 습관들임에도 불구하고 실천하는 데는 깊은 공감과 부단한 실행력이 요구된다. '습관이 바뀌면 생활이 바꾸고, 생활이 바뀌면 인생이 달라진다.'는 말은 만고불변의 진리인 것이다. 당장 멀리했던 밥숟갈부터 챙겨보도록 하자.

글 도우미 : **김수현**(한국)
성균관대학 약학과 출신으로 다음카페를 통해 바른 식생활 전도사로 활약하고 있다.

"알면 알수록
사랑하게 된다."

The more I know, the more I love it.

제3부　밥이 되는 식품관련 이야기

술이야기

차가 여성의 음료라면 술은 남성의 음료이다. 고로 나는 술을 즐긴다. "三杯通大道 一斗合自然" 주성(酒聖)이라 불렸던 이태백은 술을 이렇게 노래했다. 풀이하자면 '술을 석잔 마시면 큰 도를 통하고, 술을 한 말 마시면 자연과 합한다.'는 거다. 얼마나 멋진 표현인가. 젊어서부터 내 술 철학으로 체화시킨 음주습관은 숱한 실수를 남발하기도 했지만 요즘도 술자리에 앉으면 그 예(禮)를 다하려 노력하고 있다.

술의 역사는 인류 역사보다 더 오래 되었으리라 짐작된다. 태곳적 원시림의 과일나무 밑에 웅덩이가 하나 있었다고 치자. 무르익은 과일이 하나 둘 떨어지고 문드러져 과즙이 고인다. 거기에 나뭇잎이 떨어져 웅덩이를 덮자, 효모가 번식하여 알코올 발효가 일어난다. 맛을 본 원숭이가 황홀감에 도취한다. 영리한 원숭이들은 움푹 파인 곳에 과일을 담아 술을 만들기 시작했다. 술 담그는 유전자는 오늘날까지 전해져 원숭이들은 술을 만들어 마시며 논다 한다. 믿거나말거나? 아니, 확인된 사실이다.

고고학자들에 따르면 인류 최초의 알코올 발효는 B.C 6000년경부터 시작된 것으로 추정된다. B.C 4500년경의 고대 수메르 유적지에서 와인 양조가 기록된 점토판이 발굴된 점으로 미루어 바빌론 지방에서 이집트를 거쳐 그리스 로마로 전파됐음을 알 수 있다. 곡물을 이용하여 처음 술을 빚은 것은 B.C 4000천년 경으로 단당구조인 포도와는 달리 씨앗이나 감자의 전분을 잘게 쪼개어 단당으로 분리하는 당화기술이 요구되었다. 알코올 발효는 효모가 당을 섭취하여 알코올과 이산화탄소, 물로 분해하는 과정으로서 당이 풍부해야 하고 산소공급이 차단됨은 물론 적정온도(5~25℃)가 맞아야 하는데, 이 세 조건을 알아내는 데만 아마 수만 년이 걸렸을 것이다.

술은 크게 과일이나 곡물을 발효시킨 양조주(Fermented Liquor), 양조주를 재차 증류한 증류주(Distilled Liquor), 증류주에 다른 성분을 혼합한 혼성주(Compounded Liquor)로 나뉜다. 참고로 술은 알코올 함량이 1% 이상인 음료라고 정의한다. 알코올 농도가 13%에 이르면 대부분의 미생물은 활성을 잃게 되고, 20%가 넘으면 사멸된다. 상처 소독약으로 쓰이는 알코올은 그 농도가 70%에 이른다. 자, 첫 번째 주자인 와인을 만나보도록 할까.

와인(Wine). 포도의 원산지는 소아시아 지방 아라라트산 부근으로 알려져 있다. 바빌론에서 배운 와인제조법은 팍스 로마나 시대에 유럽 전역으로 퍼졌다. 빵은 나의 살이요, 와인은 나의 피라. 예수가 베푼 최후의 만찬 이후 국교로 선포된 기독교의 성찬식에는 와인이 필수품이 되었다. 그 영향으로 중세 교회는 포도재배를 관할 수도원이 하도록 통제했다. 당시 엘리트 그룹이었던 수도승들은 와인제조 기술에 능하여 다양한 와인들이 개발되었고 18세기 들어 프랑스 장 우다르(일명 동 페리뇽) 신부가 기름에 절인 헝겊뭉치 대신 코르크마개를 사용, 산패 없이 장기간 보관이 가능해졌다.

와인의 종류는 청포도로부터 색소가 우러나오지 않게 만드는 화이트 와인과 적포도의 과즙 및 과피의 색소를 추출해 묵직한 맛이 나도록 하는 레드 와인, 그리고 적포도를 으깨어 화이트와인을 담그는 로제 와인으로 나뉜다. 포도수확은 약간 덜 익었을 때 따서 1~2주간 발효시키면 포도당이 알코올과 미량의 향미 성분으로 변한다. 거친 맛과 향을 다듬기 위해 오크통에 넣어 오랜 기간 숙성시킨다. 와인의 향기는 포도 자체에 함유된 아로마(Aroma)와 발효 숙성과정에서 생성되는 부케(Bouquet)로 나뉘는데, 오래 숙성시킬수록 부케가 짙어진다. 포도의 수확연도인 빈티지(Vintage)는 그 해의 온도, 일조량에 따라 품질을 달리하고, 지역범위 또한 좁을수록 고급와인으로 평가받는 기준이 된다.

　프랑스 와인의 쌍두마차는 보르도(메독, 그라브, 포메롤, 생떼밀리옹, 소테른느)와 부르고뉴(보졸레, 샤블리, 코트도오르, 마코네)이다. 이곳에는 로마 시대 때부터 샤토(Chateau; 포도원)가 발달하여 보르도에만 해도 3천여 개가 있다. 분류상 최고등급인 A.O.C(원산지명 통제 와인)은 전체 생산량의 35%에 불과하지만 프랑스 와인의 자존심이　걸려있을 정도로 관리가 엄격하다. 독일의 늦따기 스위트 와인, 프랑스 보르도 품종으로 갈아탄 뒤 유명해진 칠레 와인, 영국인이 애음하는 포르투갈의 주정강화 포트 와인, 귀부(貴腐; 여름에 덥고 건조하다가 가을에 따뜻하고 습해서 건포도처럼 쭈글쭈글해짐) 와인의 제왕 헝가리 토카이 와인 등 나라별 고유의 맛과 향을 살린 와인이 수도 없이 많다.

　축하모임에 빠질 수 없는 샴페인은 샹파뉴 지방만이 사용할 수 있는 A.O.C 브랜드이다. 파리 북동부에 위치한 이 지역은 양질의 포도가 나지 않을 때가 많고 숙성과정에 2차 발효가 생기는 경우가 잦아서 싸구려 와인 생산지로 취급받다가, 1690년 그곳 사원에서 포도관리업무를 관장하던 동 페리뇽 신부가 앞서 밝힌대로 코르크마개를 처음으로 도입, 병을 딸 때마다 펑 소리가 나는 발포성 와인으로 각광을 받게 된 것이 시초이다. 이처럼 단점을 장점화 시킨 공로를 인정받아 그곳에 가면 이 분의 기념동상을 만날 수 있다.

맥주(Beer). 맥주는 세계에서 가장 많이 소비되는 술이다. 오래 전부터 물 대신 마셔왔는데 미생물에 대한 저항력이 강해 수인성 질병을 물리칠 수 있었다. 고대 이집트에선 피라미드 공사 인부들에게 맥주와 마늘을 배급한 기록이 남아있다. 맥주의 기본원료는 보리, 호프, 맥주효모이다. 6줄 식용보리 대신 낱알이 굵고 발아력이 왕성한 2줄 보리를 쓰고, 맥주 특유의 쓴맛과 신선도, 보존성을 살리기 위해 작은 솔방울 모양의 호프(덩굴식물로서 암나무만 사용)로 맛을 낸다. 우리나라에선 강원도 산간 일대에서 재배되고 있으며, 세계적으로 북한산 호프가 품질이 좋기로 소문나 있다.

효모는 자연 상태에 흔히 존재하므로 당이 있으면 언제든지 발효가 일어난다. 전발효 초기에는 효모가 20분마다 2배로 증식하다가 산소가 고갈됨에 따라 증식을 멈추는 대신 알코올 발효를 일으키고 알코올 농도가 4% 이상이 되면 자가 용해된다. 이어 유산균이 번식하기 시작하는 후발효 단계로 접어들게 되고 이때 맥주의 향과 맛이 결정되지요. 맥주효모는 크게 두 가지로 나뉘는데, 발효가 끝나면 거품과 함께 위로 떠오르는 상면 효모와 밑으로 가라앉는 하면 효모가 있다. 상면 효모로 발효시킨 맥주를 에일(Ale)이라 하고, 하면 효모로 발효시킨 것을 라거(Lager)라 부르며 영국을 제외하곤 모두 다 후자방식을 채택하고 있다.

이쯤에서 퀴즈 하나. 세계 최대 맥주소비 국가는? 당연 독일(1인당 연간 300병 소비)! 틀렸다. 1인당 연간 약340병(170리터)을 해치우는 체코가 단연 1등이다. 체코의 필즈너 맥주는 오늘날 보편화된 담색 맥주(열을 적당히 가해 옅은 색 맥아로 양조한 맥주)의 원조이고, 이곳 보헤미안 맥주집이 근대 대형 맥주공장의 효시로 불린다면 체코인의 맥주사랑이 얼마나 대단한지 헤아릴 수 있을 것이다. 일반적으로 맥주를 마시기 좋은 온도는 여름에 섭씨 6~8℃, 겨울에는 10~12℃, 봄가을엔 8~10℃입니다. 얼릴 경우 소량의 단백질이 응고되어 혼탁을 일으키고 녹여 마셔도 제 맛이 안 나므로 온도에 각별히 유의해야 한다.

위스키(Whisky). 위스키는 12세기 십자군 원정 중 중동의 연금술사로부터 증류 비법을 전수받은 것이 시초이다. 영국의 에일을 증류시킨 알코올을 스코틀랜드 겔릭어로 우스게바(Usquebaugh; 생명의 물이란 뜻)라 불렀는데, 이 말이 음 변형하여 '위스키'가 되었다. 스카치 위스키의 탄생은 우습게도 밀주 보관이 빚어낸 해프닝이었다. 18세기 잉글랜드 왕을 겸하게 된 스코틀랜드 국왕 제임스 1세는 높은 도수의 술에 중과세를 매겼다. 주세를 피할 목적으로 오크통에 담아 동굴에 몇 년을 숨겨두었더니 말간 호박색에 맛이 부드럽고 향이 풍부한 고급술로 변해 버린 것이다. 이때부터 5년 이상 숙성된 스카치가 위스키의 왕으로 군림하게 되었다 한다. 오늘날 스카치의 97%는 향이 강한 몰트 위스키에 값싼 그레인 위스키를 섞은 블렌디드 위스키(Blended Whisky)이다. 한편 미국을 대표하는 버번 위스키는 옥수수를 51% 이상 사용하여 2년 정도 숙성시켜 만드는데, 재미난 일화로 1610년 허드슨 강가에 메이플라워호가 상륙했을 때 인디언 추장이 이 술을 마시고 크게 취하자 이곳을 맨해튼(Manhattan; 인디언말로 '처음으로 대취한 곳')이라 불렀다는 것이다.

과실을 증류시켜 만드는 브랜디의 어원은 프랑스어 'Brandewjin(Burnt Wine; 구운 포도주)'에서 파생되었다. 브랜디의 본고장은 잘 알다시피 프랑스의 꼬냑과 아르마냑 지방이다. 여기에도 웃지 못 할 에피소드가 있다. 17세기 때 영국으로 수출되던 와인 중 가장 저급품으로 냉대받자 궁여지책으로 이를 증류하여 자작나무나 오크나무에 저장하였는데, 이게 맛과 향이 기똥찬 대박 술로 변모한 것이다.

또 다른 증류주로 진, 보드카, 럼, 테킬라, 리큐르 등이 있다. 진은 1650년대 네덜란드 약학대학 교수였던 프란시스코 살바우스 박사가 이뇨작용이 뛰어난 주니퍼 베리(노간주 열매)를 침출시킨 증류주를 약용으로 개발했던 것이 술로 변모한 것이다. 주니버(Geneva) 와인으로 불리다가 17세기 영국으로 전파되면서 진(Gin)으로 이름이 바뀌었다 한다. 이때 네덜란드 출신으로 영국왕에 오른 윌리엄3세가 주세를 크게 내려 보급하는 바람에 '런던 드라이 진'이 서민술로 자리 잡게 되었다. '바다'를 뜻하는 보드카는 생산 초기인 12~13세기 때는 벌꿀로 만들어지다가 옥수, 감자, 라이보리 등이 재배되면서부터 이들 원료로 바뀌었다. 자작나무 숯으로 걸러낸 보드카는 무색 무미 무취하여 칵테일 베이스로 인기가 높다.

럼은 적도 부근 열대지방에서 풍부하게 나는 사탕수수에서 설탕의 결정을 분리해낸 찌꺼기, 즉 당밀로 만든 술이다. 쿠바의 바카르디(Bacardi)가 세계에서 가장 많이 팔리는 증류주 브랜드가 된 것은 콜라와 럼주를 칵테일해서 마시는 '럼앤콕(Rum & Cock)'을 유행시켰기 때문이다. 멕시코의 테킬라는 팔케(Pulque), 즉 용설란의 일종인 사막 선인장 객토스 사보텐의 즙을 베이스로 만들어진 증류주인데, 1960년대 재즈그룹 테카라가 '테킬라' 노래를 히트시키면서 유명세를 탔다. 리큐르는 단맛을 좋아하는 서양 사람들의 기호에 맞게 각종 향초나 약초를 녹여 낸 증류주로 리케파세르(Liquefacere: '녹아있다'는 뜻)가 어원이다. 일반적으로 알코올농도 15도 이상에 당분이 10% 이상인 술로 정의되며 주로 식후 디저트용으로 이용된다.

우리나라 술의 역사는 천제의 아들 해모수와 하백의 딸 유화가 합환 주를 마시고서 동명성왕을 낳았다는 고구려 건국설화로 볼 때, 삼국시대 이전으로 거슬러 올라간다. 대중 토속주의 대명사는 청주와 막걸리 인데, 누룩으로 빚은 술을 일종의 체에 해당하는 용수를 박는 과정에 맑게 고인 윗물이 청주, 탁한 아랫물(술지게미)이 막걸리가 된 것이다. 대표적인 서민술인 소주는 정통 증류주와는 달리 고구마, 타피오카(열대에서 나는 뿌리열매)의 전분을 발효시켜 주정을 만든 뒤 이를 희석시킨 일본식 소주를 본뜬 것이다. 전통 소주로는 쌀, 보리 등의 곡류에 누룩을 넣어 당화 발효시킨 막걸리를 소줏고리(재래식 증류기)로 증류한 안동소주가 대표적이다.

세계인들이 즐겨 마시는 술들을 주마가편(走馬加鞭) 식으로 훑어보았

다. 우리 술에 대한 내용이 빈약한 게 흠이라면 흠이지만, 평소 즐겨
마시는 술에 대한 기본적인 예의를 갖추기에는 충분하지 않을까 싶다.
오늘 저녁에도 삼배통대도(三杯通大道) 하리라. 같이 하실 분 손드시라.

글 도우미 : **이종기**(한국)
국내 유일의 마스터 블렌더로서 영남대 식품공학과 교수로 제작 중이다.

요리하는 남자가 아름답다

사무실 근처에 〈구부자 부대찌개〉라는 식당이 있다. 오래 전부터 밥집으로 정해놓고 외출이 없는 날은 대개 여기에서 점심식사를 하곤 한다. 부대찌개뿐만 아니라 된장, 순두부, 생선, 김치 등 찌개를 주 메뉴로 삼고 있는데, 한 번이라도 함께 가 본 손님들은 빠짐없이 왕 팬이 되어 버린다. 비결? 글쎄, 좋은 쌀로 밥을 짓고 찌개마다 냉이 등 야채를 듬뿍 넣어주며 나물 위주의 밑반찬이 입맛에 잘 맞아서랄까. 한 마디로 충남 보령이 고향이라는 아주머니의 손맛이 대단하기 때문이다.

본서는 남자를 위한 요리교본이다. 엄밀히 말해 여자를 행복하게 해주도록, 요리하는 남자가 될 것을 부추기는 한 여성작가의 불온서적(?)이다. 그래도 제목을 보는 순간 이 책을 읽어봐야겠다는 생각이 들었으니, 작가보다 더 불온한 생각에 미친 까닭이 따로 있어서일까. 바로 나 자신을 위한 맛 난 요리를 직접 만들어봐야겠다는… 일찍이 돌아가신 내 어머님도 손맛이 대단하신 분이셨다. 식재료가 넉넉지 못했던 시절, 조물조물 무쳐내고 요리조리 끓여내면 한 상 맛있는 밥상이 차려지곤 했다. 그런 기대감으로 책을 펼쳐 보았다.

〈어머니〉라는 명작으로 유명한 러시아의 막심 고리끼는 소년 시절 요리사로 일했다고 한다. 하나의 요리를 완성하는 것은 문학작품을 창작하는 과정과 흡사하다. 소설의 완성본을 미리 그려 보듯 요리도 재료와 조리 도구를 이용해 완성된 요리를 미리 디자인해야 하니까. 흔히 음식의 맛은 손끝에서 나온다고 한다. 하지만 머리에서 나온다고 보는 게 더 맞는 표현일지 모르겠다. 총명한 여자일수록 요리를 잘하고, 하버드 대학생들 가운데 취미가 요리인 사람이 많을 정도로 고도의 지적 창작활동이기 때문이다.

요리를 위한 기본 훈련부터 해 볼까. 훌륭한 요리사가 되는 첫 번째 조건은 맛을 잘 보는 것이다. 미각에 대한 경험이 풍부할수록, 다시 말해 맛의 기억량이 많을수록 맛있는 요리를 할 수 있으니까.

둘째, 한 가지 요리로 열 가지를 상상하라는 것이다. 김치찌개를 끓여 본 사람이라면 주/부재료를 조정한 음식을 얼마든지 만들 수 있다. 떡을 넣은 떡김치찌개, 국수나 당면사리를 넣은 김치전골, 라면을 넣은 라면전골, 참치로 맛을 낸 참치찌개, 양념한 돼지고기의 두부김치 등등 마음만 먹으면 수십 가지 응용요리를 만들어낼 수 있게 된다.

셋째, 오감을 적극 살리라 한다. 떡국에 달걀고명만 얹거나 샐러드에 드레싱만 잘 해도 식감이 살아난다. 식기나 식탁보를 식욕을 돋우는 색(빨강, 주황, 노랑, 연초록 등)으로 준비한다면 시각에선 OK! 촉감을 살리는 구운 빵 속의 신선한 야채, 맛을 살리는 음식의 온도(뜨거운 음식: 60~65℃, 차가운 음식: ±5~10℃), 후각을 자극하는 향신료 등을 활용하는 것도 좋은 방법이겠다.

넷째, 요리책대로 해도 맛이 없다면? 행간을 읽어야 한다. 가령 예를 들어 육개장을 만들어 보고자 한다면 재료의 특성에 유의해야 한다. 국거리로는 양지머리가 최고이고 버섯으로는 표고나 느타리를 선택해야 한다. 조리할 때도 통마늘과 대파를 먼저 넣고 푹 삶아야 고기의 누린내를 없애고, 살짝 데친 숙주는 다 끓은 쇠고기 국물에 넣어야 아삭한 식감이 살아난다. 재료를 넣는 순서를 가리라는 말이지요. 재료의 모양도 고기를 결대로 찢듯 하고 고사리, 숙주도 긴 모양으로 비슷하게 통일시킨다. 요리책에서 사용하는 단어, 즉 '푹, 살짝, 한소끔' 같은 말의 뉘앙스를 잘 이해하고, 때론 자기 입맛에 맞는 창의력을 발휘해야 진정한 자신의 요리로 거듭난다는 거다.

다음으로 요리의 기본문법을 익혀 봅시다.

첫째, 장보기만 잘 해도 요리의 절반은 성공한 셈이다. 3첩이니 5첩이니 하는 반찬구성, 즉 식탁의 시나리오를 먼저 작성해야 한다. 찌개나 찜 등 주 요리를 정하고 거기에 어울리는 주된 반찬 하나를 덧붙인다. 이때 비슷한 요리가 겹치지 않도록 유의하고 음식의 영양과 맛, 온도차, 질감 등을 고려하여 균형을 맞춘다. 이런 시나리오에 따라 작성된 리스트를 야채, 고기류, 냉동식품 하는 식으로 분류 작성하여 조리 직전에 싱싱한 놈으로 장을 보면 된다.

두 번째, 간을 잘 맞추어야 한다. 밑간이란, 본 양념을 하기 전에 미리 간을 맞춰 두는 것인데, 튀김이나 전유어처럼 슴슴해야 맛있는 간이 있고, 조림처럼 짭짤하고 간간해야 제 맛이 나는 간이 있다. 간을 맞추는 시점도 볶는 요리는 80% 정도 진행되었을 때, 다른 요리는 요리가 마무리되는 시점에서 간을 해야 적당하다. 자주 간을 보다보면 짜게 될 염려가 있으므로 한두 번 정도로 하되, 만약 짜게 되었다면 신맛이나 단맛 양념을 추가해 짠맛의 균형을 맞춰주면 된다.

세 번째, 확실하게 양념해야 한다. 음식의 맛을 더하기 위해 사용하는 기름, 간장, 마늘, 고추, 파, 깨소금, 후추 등 조미료를 통칭하는 말이 양념인데, 음식의 맛이 이들에 좌우되므로 매우 중요하다. 원재료의 맛을 잘 분석하여 누린내, 비린내, 떫은맛 등을 제거하는 양념을 써야 하고, 고기류에는 청주, 돼지고기에는 생강을 넣어 잡냄새와 육질을 연하게 해야 한다. 또 재료에 따라 양념에 쟁여 둘 건지 살짝 묻히기만 할 건지를 선택해야 한다. 같은 양념이더라도 투입하는 순서가 요리에 따라 달라진다. 예를 들어 볶음요리를 할 때 다진 마늘이나 양파 등 향신료는 주재료와 함께 볶아야 기름에 향이 배어 더욱 깊은 맛이 난다. 향과 윤기를 더하는 참기름이나 깨소금은 매 나중에 넣어야 향이 달아나지 않는다. 설탕은 분자가 커서 침투속도가 느리므로 먼저 사용하고, 후추는 소금으로 간할 때, 식초는 맨 나중에 넣어야 맛이 살아난다.

마지막으로 가열 조리 잘하기를 살펴보겠다.

1.굽기. 팬이나 철판은 충분히 가열하여 센 불에서 조리한다. 불이 약하면 내부의 맛 성분이 흘러나가고 수분도 더 많이 증발하여 퍼석거리고 맛없는 구이가 되어 버린다. 이때 약간의 기름을 둘러주어 표면에 달라붙지 않도록 하고, 밀가루나 찹쌀가루를 묻혀 맛과 영양 손실을 막아주는 게 좋다.

2.볶기. 강한 불로 단시간에 볶는 것을 철칙으로 해야 한다. 오래 볶을수록 맛과 영양분의 손실이 많아지기 때문이다. 재료가 큰 놈은 잠깐 데치거나 삶아서 수분을 제거한 다음 볶으면 제 맛 나게 볶을

수 있다. 마늘이나 생강, 고추 등 향을 내는 양념을 먼저 넣고 볶다가
닭고기, 돼지고기, 야채 등 주재료를 넣고 볶아야 맛있는 볶음이 된
다. 불을 끄기 직전에 참기름을 몇 방울 넣어주면 고소한 맛이 더욱
살아난다.

3.튀기기. 튀김온도가 키포인트이다. 160~190℃의 고온에서 조리
해야 하는데, 튀김옷을 살짝 떨어뜨려 바닥까지 가라앉으면 아직 저
온이고 가라앉았다 금방 떠오르면 160℃, 중간쯤 내려갔다 떠오르면
170~180℃, 떨어지자마자 표면에 흩어지면 190~200℃라고 보면 된
다. 튀김옷을 만들 때 달걀, 특히 흰자만 넣어주면 가장 바싹하면서 색
깔도 좋게 된다. 생선을 튀긴 다음에 다른 튀김을 할 때는 양파나 파를
중간에 튀겨주면 비린내를 없앨 수 있다. 양념장을 맛있게 만들려면
멸치와 다시마를 넣고 끓인 국물에 가다랭이를 넣은 후, 이를 체로 걸
러내고 진간장, 맛술, 설탕, 소금으로 한 번 더 끓이면 된다.

4.끓이기. 재료의 본맛을 국물에 우려내는 실력으로 요리 등급을 매
길 만큼 매우 중요한 조리법이다. 주의할 점은 국물을 너무 많이 넣지
말아야 하는데 오래 끓일수록 영양 성분이 많이 파괴되기 때문이다.
비린내 등을 제거할 목적이 아니라면 가능한 한 뚜껑을 덮고 끓이고
보글보글 끓을 때 생기는 거품을 걷어낸다. 거품이 응고되면 탁한 맛
을 내므로 이를 제거해 줄수록 깔끔한 국물 맛을 볼 수 있다.

5.데치기. 국물이 목적이 아니라 재료의 맛을 살리기 위해 하는 데치기는 시간이 포인트이다. 그야말로 살짝 데쳐내어야 재료의 떫은맛이 없어지고 부드러워지니까. 식품 고유의 색깔을 살리는 효과도 있는데, 소금을 약간 넣고 데치면 제 색을 살리는 효과가 높아진다.

이상으로 요리의 기본기를 살펴보았다. 이젠 재료들을 사서 실전에 들어 가 보는 일만 남았다. 저자의 부추김에 끝까지 넘어가야 할 지 살짝 고민이 된다. 남자를 위한 요리냐, 그 남자의 여자를 위한 요리냐, 이것이 문제로다.

글 도우미 : **노유경**(한국)
1995년 〈요리하는 남자가 아름답다〉를 펴낸 이후 애석하게도 별 활동이 없다.

몸에 좋은 야채 기르기

흙에서 나서 흙으로 가는 인생, 흙은 인류의 영원한 고향이다. 최근 부쩍 귀농 바람이 거세게 불고 있다 하지만 일찌감치 귀농하여 경북 상주에서 포도밭 농원으로 크게 성공한 박종관 씨 이야기를 들어보니 막무가내 귀농은 망하는 지름길이라 한다. 사전에 충분한 귀농교육을 받지 않는 한, 적응하는데 무척 애를 먹는다는 분석이다. 오십대 중반에 접어든 저 역시 '귀농'에 귀가 솔깃해진다. 아직은 절박한 심경은 아니라서 그냥 워밍업 하는 마음으로 〈몸에 좋은 야채 기르기 77〉 책을 읽어보았다.

번역서를 감수한 이태근 환경농업단체연합회 회장은 "집 주변이나 공터, 아파트 베란다, 옥상, 화분 등에 직접 씨앗을 뿌리고 화학비료나 농약 없이 채소를 가꿔보는 텃밭가꾸기는 생명의 경이로움을 느끼고 흙과 거름, 작물 간의 자연 순환의 생태를 깨닫게 되는 생활훈련의 장이 된다"고 강조한다. 텃밭을 가꾸면서 작물에 대해 공부하고 병해충과 싸우며 어려움을 헤쳐 나가다 보면 텃밭 가꾸기의 기쁨은 절로 생겨난다는 것이다.

본서는 '무농약 유기농 야채 재배법'이다. 화학비료나 농약을 안 쓰거나 쓰더라도 최소한으로 써서 재배한다는 뜻인데, 이게 말처럼 쉽진 않다. 왜냐하면 우리가 세 끼 밥을 먹듯 식물도 생장하기 위한 영양분을 섭취해야 하기 때문이다. 뿌리로는 수분과 비료 성분을 흡수하고, 잎의 표면으로 이산화탄소를 흡수하고 광합성 작용을 통해 양분을 만들어 생장해야 한다. 특히 질소, 인산, 칼륨은 채소 생장의 3대 요소라 부를 정도로 필수적이라서 어느 하나만 부족해도 생장에 지장을 받으므로 인공적으로 비료를 보충해 주어야 한다.

굳이 비료를 써야 한다면 화학비료 대신 뭘 쓰는 게 좋을까. 바로 유기비료이다. 유기비료에는 퇴비, 유박(油粕;기름을 짜내고 남은 다양한 지방종자(脂肪種子)의 찌꺼기), 쌀겨, 골분, 어분, 가축분뇨 등이 있다. 효력은 느리지만 지속적이고 환경오염 등 부작용이 없다. 가정에서 손쉽게 유기액비 만드는 법을 소개하면, 플라스틱 양동이에 유박과 물을 1:10의 비율로 넣고 가끔씩 뒤집어주며 여름에는 1~2개월, 겨울에는 5~6개월 발효시킨다. 통 위로 뜬 액비를 5배 정도의 물로 희석하여 사용한다. 다음은 EM 발효퇴비 만들기. 음식물 쓰레기 등 유기질 재료에 EM균을 섞어주면 발효과정에 생기는 악취를 줄이고 발효를 촉진시킨다. EM균은 원예점 등에서 손쉽게 구입할 수 있으며 1~2개월 후에 발효퇴비가 완성된다.

좋은 채소를 기르기 위해선 흙 만들기가 기본이다. 흙을 갈아엎어 통기성, 보습성, 물빠짐을 좋게 해야 하는데, 갈아엎기 전에 퇴비와 석회를 살짝 뿌리고 그 후에 유기비료를 주면 흙이 부드러워지고 보비성도 높아진다. 이때 주의할 점은 곰팡이균이 남아있는 미숙 퇴비를 사용치 말아야 하고, 석회를 살포한 1주일 이후에 유기비료를 뿌려야 한다는 것이다. 이것들을 동시에 뿌리면 암모니아가 발생하거나 비료효과가 없어질 수 있기 때문이다.

채소를 재배하다 보면 병해충 때문에 애를 먹기 일쑤이다. 채소의 생장세가 약해지거나 장마로 일조량이 부족하거나 통풍이 악화되면 급격히 발생한다. 화학비료나 농약 없이 병해충 피해를 줄이는 비결은 1. 일정 간격으로 퇴비를 뿌려 토양의 산성화를 막고 2. 물빠짐과 통풍이 좋도록 이랑을 높게, 또 이랑간의 간격을 적절히 유지하며 3. 연작을 피하고 돌려짓기(윤작)를 하면서 병해가 강한 품종을 선택하고 4. 추비, 깔짚, 물주기, 제초작업 등 일상의 관리를 게을리 하지 않는 것이다. 바이러스병을 옮기는 진딧물을 퇴치하기 위해서는 빛 반사 멀칭으로 대응하고, 병에 걸린 잎이 발견되면 과감히 제거하여 번지는 것을 막아야 한다.

병해충 방제로 최근 목초액이 주목받고 있다. 목초액은 목탄을 만들 때 나오는 연기를 냉각시킨 것으로 200가지 이상의 성분이 들어있어 옛날부터 소취, 살균제로 사용했고 아토피 치료에도 큰 효과를 보이고 있다. 다소 가격이 비싼 게 흠이지만 박테리아의 활성을 억제하는 효과가 높기 때문에 유기재배에는 최적의 살균 방충제로 꼽힌다.

잡초가 무성해지는 것은 흙이 비옥하다는 증거이다. 그러나 흙 속의 양분, 수분을 빼앗아 일조와 통풍을 나쁘게 하는 단점이 있어서 과채류의 열매 맺음과 엽채류 근채류의 수확 정도를 떨어뜨린다. 귀찮더라도 토양에 끼치는 영향을 고려하여 제초제를 사용치 말고 손으로 뽑아주는 게 최상이다.

이제 야채 가꾸기의 기본 작업에 들어가 볼까. 채소 가꾸기에 가장 적합한 장소는 일조량, 물빠짐, 통풍이 좋은 곳이다. 텃밭이든 화분이든 기를 장소를 골랐다면 사전에 재배계획을 세워야 한다. 재배시가와 재배면적, 재배지 조건 등을 고려하여 면적이 넓지 않을 경우에는 단시간 내 수확이 가능하거나 줄기 등이 옆으로 번지지 않는 품종을 선택한다. 매년 같은 종류를 심으면 토양 속 양분의 균형이 깨지고 토질이 나빠지므로 전혀 다른 품종으로 윤작하는 것이 좋다. 예를 들어 첫해 봄에 단무를, 이어서 가지나 토마토를, 가을에 무를 심고, 이듬해에는 봄에 시금치를, 이어 쑥갓-소송채-옥수수-오이, 가을엔 시금치를 심는 식이다.

앞서 말한 대로 채소 가꾸기의 핵심 포인트는 흙 만들기에 있다. 밭은 늦가을 이후에 20~30cm 깊이로 갈아엎는다. 건조에 약한 미생물을 사멸시키고자 함인데, 이듬해 씨뿌리기나 모종을 하기 열흘 전까지 퇴비와 석회를 뿌린 후 삽으로 다시 파 엎어 평평하게 다듬어준다. 채소는 산성토양을 싫어하므로 재배하기 전에 흙의 산도를 조정해 놓아야 한다. 시금치나 강낭콩 등이 자라지 않는 밭이나 쇠뜨기풀, 쑥 등이 자라고 있는 곳은 백발백중 산성토양일 가능성이 있으므로 고토석회를 년 2회 1~2 줌 뿌려서 중화시켜야한다. 씨를 뿌리거나 모종을 심은 후 시일이 지난 뒤에도 월 1회 정도 사이갈기(中耕)를 하여 통기성과 침수성이 좋은 흙으로 유지시켜 주어야 한다. 마지막으로 사이갈기로 부순 부드러운 흙을 줄기 쪽으로 모아주는 흙덮기를 2~3회 정도 해 주어 비바람에 줄기를 지탱케 하고 뿌리가 노출되는 것을 막아준다.

흙 만들기가 끝나면 드디어 씨 뿌리기를 할 차례다. 가능하면 모종보다는 씨앗 상태로 재배해야 환경에 잘 적응하고 건강하게 자라는 이점이 있다. 대부분 채소의 발아 적정온도는 18~25℃ 정도이다. 대개 하룻밤 물에 담가두었다가 파종하고 껍질이 단단한 씨앗은 콘크리트 위에 비벼서 상처를 낸 다음 하룻밤 물에 적셔 파종해야 발아가 잘된다. 초보자이거나 토마토, 가지, 오이 등 육묘에 온상이 필요한 작물은 시판용 모종을 사는 것이 좋겠다. 모종의 크기는 종류에 따라 다르지만 본잎 기준으로 단호박, 오이 등은 4~5장, 양배추, 브로콜리 등은 5~6장, 토마토, 가지, 피망 등은 7~8장 정도 자란 놈을 따뜻하고 바람이 없는 오전에 옮겨 심도록 한다. 모종이 잘 자라기 위해서는 1주일 전에 이랑을 만들어 둔 뒤 적당한 간격으로 뿌리가 충분히 들어갈 정도의 구멍을 판 후 줄기원이 지표보다 조금 올라오도록 옮겨 심고 낮은 수압의 물을 줄기 밑부분에 적당량 준다.

채소를 재배하는 작업 중에 빠트릴 수 없는 것이 물주기와 솎아주기

이다. 많아도 탈, 적어도 탈이라서 물주기는 쉬워보여도 어려운 일이
다. 일반적으로 줄기원의 흙의 상태를 확인하여 말라 있으면 물이 부
족한 증거이다. 이때에는 흙의 5~10cm 깊이까지 수분이 스며들도록
충분히 줘야 하는데, 날씨가 더운 시기에는 아침이나 저녁에, 추운 시
기에는 기온이 온화한 오전에 주도록 한다. 반면 화분 등에서 재배할
경우에는 흙의 양이 적고 빗물 지하수 등의 외부 유입이 차단되므로
조금씩 자주 물을 주는 것이 좋다.

　모종이 커감에 따라 잎이 서로 겹치면 일조량과 통풍이 나빠지고 병
해충 피해에도 취약해진다. 어린잎이 2~3장일 때, 3~4장일 때, 5~6장
일 때를 기준으로 2~4회 정도 솎아주어야 한다. 넘어지기 쉬운 작물
은 지주를 세워줘야 하는데, 넝쿨성 작물이나 토마토, 오이 등은 2m
전후, 가지 피망 등의 줄기가 퍼져가는 작물은 60~70cm 정도의 튼튼
한 지주를 세워준다. 또한 채소 종에 따라 멀칭과 터널도 해줘야 한
다. 이랑이나 줄기원에 짚이나 풀, 폴리에스테르 필름 등을 덮어주는
멀칭은 물론 비닐, 폴리에스테르 필름, 한랭포 등으로 터널을 만들어
저온, 한풍, 서리, 고온, 강한 햇빛 등 불리한 환경을 이겨내도록 도와
주는 것이다.

에구구, 농사를 한 번도 지어보지 않은 사람은 이 글을 읽는 도중에 야채 기르기를 이미 포기했을지도 모르겠다. 그러나 아이를 낳아 기르는 과정을 한 번 생각해 보라. 걸음마를 배우기까지 24시간을 꼬박 육아에 매달려야 한다는 것을. 아이든 채소든 생명 있는 모든 만물은 결국 애정의 크기에 정비례하여 성장하고 열매 맺는다. 맛 난 과실은 그냥 열리는 법이 없다!

글 도우미 : **아라이 도시오**(1951년생/일본)
도쿄농업대학교 출신으로 사이타마현립 이즈미고등학교 교장으로 재임 중이다.

알아야 제맛인 우리 먹거리

 여러분은 지리적표시제(GI; Geographical Indication)를 아는가? 국내에선 PGI(Protected GI) 마크를 부여하여 '보호'의 의미를 새삼 강조하고 있다. 그런데 GI건 PGI건 이 용어를 제대로 알고 있는 사람은 매우 드물다. 1999년 법이 제정되어 지금까지 15년가량 시행되어 온, 꽤 역사가 오랜 '지역특산물 인증제도'인데도 말이다. 이 책은 그런 안타까운 마음에서 집필된 대한민국 지리적표시제 총람서이다.

 보성녹차, 횡성한우, 양양송이버섯, 벌교꼬막. 이들의 공통점은 우리나라 지리적표시 등록상품이라는 점이다. 그것도 농/축/임/수산물로는 제1호라는 명예를 안고 있다. 가장 최근에는 진도울금이 농산물 96호로, 무주호두가 임산물 49호로, 해남전복이 수산물 19호로 등록되어 자그마치 160여 지역특산물이 지리적표시 등록상품으로 지정되어 있다.

국내 지리적표시 등록 현황

2014년 9월 기준 (자료 : 농림부)

철원 쌀

인제 콩
인제 곰취

양양 송이

홍천 찰옥수수
홍천 한우
홍천 잣
홍천 명이

강릉 한과
강릉 개두릅

울릉도 삼나물
울릉도 미역취
울릉도 참고비
울릉도 부지갱이
울릉도 우산고로쇠

기평 잣

김포 쌀

김화 약쑥

여주 쌀
여주 고구마(등록철회)

진부 당귀

횡성 한우고기
횡성 더덕
횡성 참숯

정선 찰옥수수
정선 황기
정선 곤드레

삼척 마늘

원주치악산 복숭아
원주 옻

이천 쌀

태백 곰취

영월 고추
영월 고춧가루

충주 사과
충주 밤

안성 배

단양 마늘

봉화 송이

울진 송이

괴산 고추
괴산 고춧가루
괴산 찰옥수수

영주 사과

서산 마늘(등록철회)
서산팔봉산 감자

천안 호두
천안 배

문경 오미자

안동 포(등록철회)

영양 고춧가루

예산 사과

정안 밤

보은 대추

상주 곶감

청양 고추·고춧가루
청양 구기자
청양 표고
청양 밤

김천 사과
김천 포도

의성 마늘

청송 사과

영덕 송이

한산 모시

영동 포도
영동 곶감

금산 깻잎

무주 사과
무주 머루·머루와인
무주 호두
무주 천마

성주 참외

영천 포도

군산 찰쌀보리쌀

덕유산 고로쇠수액

경산 대추

고령 수박
고령 감자

청도 한재미나리
청도 반시

고창 복분자주
고창 복분자

함양 곶감

창녕 양파
창녕 마늘

서생 간절곶 배

순창 전통고추장

산청 곶감

밀양 얼음골사과

영광 찰쌀보리쌀
영광 굴비(신청중)
영광 고추·고춧가루

남원 미꾸라지

담양 딸기
담양 죽순

함안 수박

의령 망개떡

진영 단감

기장 미역
기장 다시마

신안 김

무안 양파
무안 백련차
무안 낙지(신청중)

함평 한우

나주 배

악양 대봉감

구례 산수유

하동 녹차

창원진동 미더덕

부산대저 토마토

거제 맹종죽순

화순 작약
화순 목단

광양 매실
광양 백운산고로쇠

사천 풋마늘

고려홍삼
고려백삼
고려태극삼
고려수삼
고려인삼제품
고려홍삼제품
(한국 전지역)

영암 무화과
영암 대봉감

보성 녹차
보성 삼베
보성 웅치올벼쌀
보성 벌교꼬막

남해 마늘
남해 창선고사리

여수 갓김치
여수 돌산갓
여수 굴

해남 겨울배추
해남 고구마
해남 김
해남 전복

장흥 표고버섯
장흥 키조개
장흥 무산김
장흥 매생이

고흥 유자
고흥 한우
고흥 미역
고흥 다시마
고흥 석류

진도 홍주
진도 대파
진도 검정쌀
진도 구기자
진도 울금

완도 전복
완도 미역
완도 다시마
완도 김
완도 넙치

거문도 쑥

제주 녹차
제주 돼지고기

지리적표시제는 우리나라만의 제도는 아니다. 1940년대 프랑스가 자국의 와인산업을 보호할 목적으로 시행된 것이 시초인데, 유럽에서는 보르도와인, 스카치위스키, 비엔나소세지, 아르덴치즈 등 기라성 같은 지역특산물들이 세계인의 입맛을 사로잡고 있다. 지리적표시제는 한 마디로 해당 지역명을 LG, 삼성처럼 고유브랜드로 인정해 보호 육성해 주는 제도이다. 우리 정부도 중국산 짝퉁 고려인삼이 버젓이 해외에서 팔리는 걸 보고 부랴부랴 이 제도를 채택했던 것이다.

그런데 안타깝게도 이들 해외의 유명 지리적표시 상품들만큼 실효를 거두지 못하고 있다. 시행 10주년을 맞이하여 2011년 한국농촌연구원이 주부 700명을 대상으로 설문조사한 결과, 85% 이상이 처음 들어본다고 응답했을 정도로 홍보 면에서 철저하게 외면 받아 온 게 사실이기 때문이다.

나 역시 개인적인 관심으로 우연히 알게 되었을 뿐, 지금도 우리나라 사람 열에 여덟 아홉이 모르고 있다. 갈수록 로컬푸드의 중요성이 커져 가는 마당에 우리 먹거리를 제대로 알려야겠다는 일념으로 모 주간신문을 통해 2012년부터 2년 반 가량 이를 연재하다보니, 나로서도 우리나라 지역특산물의 민낯을 만나는 즐거움을 맛보았다. 음식은 생활의 양식(糧食)이자 양식(樣式)이라서 음식을 통해 각자의 입맛은 물론 생활 방식도 헤아릴 수 있어서이다.

예를 들어, 가장 많이 등록된 지리적표시 농산물은 고추 관련제품으로서 고추, 고춧가루, 고추장을 합쳐 무려 10군데 지자체가 등록되어 있다. 하지만 조선 왕조를 통틀어 가장 식욕이 왕성했던 세종은 고춧가루로 버무린 김장김치를 구경도 못한 반면, 최장수(83세) 왕이었던 영조는 입맛이 없을 때마다 고추장에 밥을 비벼먹었다는 실록이 남아 있다. 고추의 전래과정을 살펴보면 원산지인 중남미에서 유럽으로 건너 간 게 1500년 무렵이었고, 일본을 거쳐 우리나라로 들어온 건 임진왜란 전후인 16세기말이었으니, 〈콜롬부스의 교환〉 시기를 맞아 고구마, 옥수수 같은 구황작물도 이즈음에야 한반도에 상륙했기 때문이다.

가장 최근에 등재된 진도 울금도 카레에 들어가는 노란 색소의 강황 따위로 알고 있는 사람이 많다. 하지만 엄밀히 말해 우리 땅에서 난 울금(학명 Curcuma longa Radix)과 인도에서 가져 온 강황(학명 Curcuma longa Rhizoma)은 사뭇 다르다. 한의전문서 〈본초요비〉에서도 '울금은 약초색깔이 회색에 가깝고, 강황은 노란색으로 서로 다르다. 강황은 그 성질이 매우 뜨거워 눈이 뻑뻑하고 잘 마르는 혈이 부족한 체질에는 사용을 금한다.

울금은 차고 뜨거운 성질이 강황처럼 강하지 않다'고 구분 짓고 있다.

한우와 함께 축산물 GI상품으로 등록된 제주 돼지고기의 유래는 13세기로 거슬러 올라간다. 고려가 원나라의 지배를 받을 당시 육식을 좋아하는 몽고 군사들에게 먹일 양식으로 흑색 소형종을 들여 온 것이 시초다. 뒷간에서 길러 '똥돼지'로 유명해졌으며 1984년 소년체전 유치를 계기로 대대적인 변소개량사업을 벌여 사육방법이 완전히 달라졌음에도 그 명성은 꾸준히 이어지고 있다. 젤라틴이 풍부한 돼지족발을 제주 사람들은 아강발이라 부른다. 오늘날 확실한 토속음식으로 자리 잡은 데에는 청정 이미지가 강하게 작용했다. 실제 제주는 세계 공인 돼지전염병 및 구제역 청정지역으로 선포되어 있다.

제46호 GI 임산물인 명이는 산마늘을 부르는 울릉도 사람들의 방언이다. 조선 태종 이후 공도(空島)정책을 펴오다 1882년 고종 19년에 본토인을 이곳으로 이주시켰는데, 양식이 떨어진 이주민들에게 '생명을 잇게 해 준' 보은의 의미가 담겨있다. 실제 마늘의 일종인 명이에는 알린(alliin)이라는 황화합물이 많이 들어있어서 비타민B$_1$을 활성화시키고 병균을 물리치는 작용을 한다. 비타민 B, C 및 칼슘 칼륨 셀레늄 철분 마그네슘 등 유익한 무기질도 다양하다. 폭설과 서리에도 끄떡없이 올라오는 명이의 새싹을 '뿔명이'라 부른다. 여러분도 삶이 팍팍할 때 명이 나물이나 명이장아찌를 먹어보라. 불끈한 생명력을 얻게 될 것이다.

민물고기로 유일하게 등재된 제13호 GI등록 수산물인 남원 미꾸라지. 미꾸라지의 어원은 '미끌+아지'가 연음화된 것이다. 즉 미끄러운 작은 물고기라는 뜻이다. 반면 생김새가 비슷한 미꾸리의 어원은 예상과 달리 '밑이 구린 놈'이란 의미에서 밑구리〉밋구리〉미꾸리로 변한 것이다. 들이킨 공기를 창자 호흡하며 내뱉는 기포의 모습에서 연유된 재미난 이름이다. 생김새가 너무 흡사하여 혼동하기도 하지만 같은 잉어목이면서도 미꾸라지는 기름종개과, 미꾸리는 미꾸리과로 엄연히 다른 종이다. 미꾸리보다 더 빨리 길게 자라는 경제성 때문에 미꾸라지가 추어탕 재료로 많이 간택된다. 하지만 맛은 미꾸리 추어탕이 더 뛰어나다.

수산물 제10호 GI상품으로 등록된 완도 넙치 이야기도 해 보자. 몸이 넓어 광어로도 불리는 넙치는 생김새가 가자미와 흡사하다. 구별하는 가장 손쉬운 방법으로 눈의 위치를 따진다. 즉 두 생선의 등을 보이게 하여 꼬리를 위쪽으로 두었을 때 눈이 왼쪽에 있으면 넙치, 오른쪽에 있으면 가자미이다. 그래서 '우(右) 가자미, 좌(左) 넙치'라는 말이 탄생

한 것이다. 또한 자연산과 양식산을 구별하는 방법은 뱃살을 비교해
보면 되는데 바닷속 깊은 바닥을 유영하는 자연산은 우윳빛처럼 하얀
반면, 양식 넙치는 파리똥 같은 반점이 있다. 재미난 점은 인공 수정한
치어를 바다에 방류시킨 반 자연산 넙치들도 반점은 사라지지 않는다
는 것이고, 자연산 활어와 양식산 간에 맛과 영양 차이는 별반 없다는
사실이다.

식품학자도 아닌 내가 이 책을 펴낸 것은 "알면 사랑하게 된다"는 최
재천 교수의 가르침이 컸다. 또한 "깊이 파려거든 넓게 파기 시작하라"
는 권오길 교수님의 가르침을 본받아 매주 한편씩 관련 자료를 찾고
정리하여 우리나라 160여 곳, 80여종의 지역특산물 연재를 마쳤을 때
의 기쁨이란 말로 형언하기조차 힘든 쾌락이었다. 학이시습지불역열
호(學而時習之不亦說乎)라!

2014년 10월초 이 책이 출간된 이래 11월에는 농축산물 심사기관인
농산물품질관리원에서 200권, 12월에는 임산물 심사기관인 산림청에
서 100권을 주문해 주었다. 고마운 일이다. 하지만 책의 저자인 나로
선 누구에게든 이 책 읽기를 권하고 싶다. 왜냐하면 이 땅에 태어나서
이 땅의 음식들로 삶을 영위하고 있는 우리들일진대, 우리 먹거리들을

제대로 아는 것이 국민 된 마땅한 도리라 여기기 때문이다. 450페이지 분량의 방대한 책 제목도, 그래서 〈알아야 제맛인 우리 먹거리〉이다.

글 도우미 : **신완섭**(1959년생/진해)
제약마케팅 분야에 오래 종사하였으며 건강 · 식품 관련 책을 펴내고 있다.

뜻밖의 음식사

김경훈은 나와 같은 경영학도이지만 문학적 재능이 뛰어나고 유달리 한국인의 삶에 관심이 많다. 베스트셀러였던 〈한국인 트렌드〉 외에 〈한국인의 66가지 얼굴〉, 〈뜻밖의 한국사〉 등이 그의 역작이다. 우리의 역사와 문화를 연구하다보니 뜻밖에 대를 이어온 우리 음식에까지 관심을 가지게 되었다. 개개 식품재료에 대한 에피소드는 생략하고 우리 음식사의 큰 줄기만 간략히 소개하고자 한다.

우리나라에는 음식과 관련한 속담이 참 많다. 먹고사는 일이 팍팍했던 시절 '목구멍이 포도청'이라며 배고프면 못 할 짓이 없다 했고, '산입에 거미줄 치랴', '개살구도 맛들이기 나름'이라며 호기를 부리고 허기를 달래기도 했다. 계절을 맛에 비유한 멋진 속담도 있으니 '밥은 봄같이, 국은 여름같이, 장은 가을같이, 술은 겨울같이' 먹으랬다. 다시 말해 밥은 따뜻하게, 국은 시원하게, 장은 서늘하게, 술은 차게 먹어야 제 맛이라는 거다. 비를 보면서도 '봄비는 쌀비, 가을비는 떡비'라 했다. 벼농사를 시작할 무렵 내리는 봄비를 반기고, 바쁜 추수철 가을비 오는 날엔 집에서 떡이나 해 먹어야겠다고 너스레를 떨었다. 이처럼 우리가 먹는 음식들은 생활 전반에 반영되기 마련이다.

대보름날 지어먹는 오곡밥에는 수확에 대한 감사와 새해농사의 대풍을 기원하는 뜻이 담겨있다. 여기서 오곡은 쌀 · 보리 · 조 · 콩 · 기장 이렇게 다섯 가지 곡물을 가리킨다. 그런데 〈삼국사기〉 기록을 살펴보면 당시의 오곡은 사뭇 달랐다. 〈삼국사기〉 중 '금와왕(고구려 시조 동명성왕의 아버지) 이야기' 편에 '금와왕이 아직 부여의 태자일 때의 일이다. 하루는 신하인 아란불이 "꿈에 천신이 나타나 동쪽 바닷가에 가섭원이라는 땅이 있는데, 토양이 비옥하고 오곡이 잘 자라니 도읍할 만하다"라고 말했다. 이에 아버지 해부루(부여의 왕)를 떠나 그곳에 가서 나라를 세우니 이것이 바로 동부여다.' 라는 기록이 있다. 〈후한서〉, 〈삼국지 위지동이전〉 등에 따르면 당시의 오곡은 마(麻) · 기장 · 조 · 보리 · 콩이었다. 이는 고조선 이래 삼국 초기까지도 쌀이 주식이 아니었음을 방증하는 근거가 된다. 쌀은 통일신라시대(7세기 이후)를 지나서야 주식의 반열에 올라섰던 것 같다.

인류가 소금을 이용한 것은 기원전 6천년 무렵으로 알려져 있다. 수렵 채집 시대에는 먹잇감 자체에 소금기가 있었으므로 따로 염분을 섭취할 필요를 크게 못 느꼈지만 농업시대에 접어들면서 곡류와 채소를 먹기 시작하자 소금 양념이 필요했다. 고구려 제15대 미천왕(재위기간 300~332년)은 한사군에 편입되었던 위만조선을 수복하는 등 역사적으로 큰 업적을 기록했지만 그가 한때 소금장수였다는 걸 아는 사람은 많지 않다. 그의 아호는 '을불'이었는데, 14대 봉상왕이 큰아버지이기도 했다. 봉상왕이 내란을 도모하려 한다는 이유로 아버지를 죽이자 도망쳐 소금 장사를 했던 것이다. 이로 미루어 이미 고구려 시대에 전국적으로 소금을 팔러 다닌 장사치들이 존재하였음을 알 수 있다.

〈삼국사기〉에는 이런 기록도 있다. '신라 신문왕은 일길찬 김흠운의 작은딸을 맞아들여 부인으로 삼았다. 먼저 이찬 문영과 파진찬 삼광을 보내 기일을 정하고, 대아찬 지상을 보내 납채(納采; 중매인을 통해 남자가 여자 집에 행하는 일종의 구혼의식)하게 하였는데, 예물로 보내는 비단이 15수레요, 쌀 · 술 · 기름 · 꿀 · 간장 · 된장 · 포 · 젓갈이 15수레였으며 조(租)가 150수레였다.' 여기서 포(脯)는 고기를 말려서 만든 육포를 말한다. 포의 역사는 사냥한 고기를 장기간 저장하던 수렵시대로 거슬러 올라가지만 삼국시대 때에도 꽤 대접받는 음식이었고, 생선을 소금에 절여 저장한 젓갈 역시 찬거리로 애용되어 졌음을 짐작할 수 있다.

신라 3대 임금인 유리왕(24~7년)이 왕이 된 데는 재미난 설화가 전해온
다. 신라 2대왕인 남해왕이 죽으면서 아들인 유리와 사위였던 석탈해
에게 서로 번갈아가며 왕을 하라는 유언을 남겼다. 이에 서로 양보하
는 대목이 〈삼국사기〉 기록에 남아있다. '앞서 남해가 죽고 난 뒤 유리
가 왕위를 탈해에게 양보하자 탈해가 말하였다. "임금의 자리는 용렬
한 자가 감당할 수 있는 자리가 아니다. 내가 듣건대 성스럽고 지혜로
운 자는 이(齒)가 많다고 하니 떡(餠)을 깨물어서 시험해 보자." 유리의 잇
금(齒理)이 많았으므로 좌우의 신하와 더불어 그를 왕으로 추대하고 이
사금(尼師今)이라 불렀다.' 이 대목에 언급된 떡은 가래떡이나 절편으로
추정된다. 고구려 유적 안악 3호 고분(375년)에도 그림 속에 부뚜막의 시
루, 밥상 위의 시루떡이 발견되는 걸로 봐서 주식인 쌀밥보다도 쪄서
만들어낸 떡의 역사가 더 오래되었음을 알 수 있다.

사람들이 즐겨먹는 국수의 기원은 기원전 5천~6천년 경 아시아 북
부 지역에서 비롯되었으므로 우리나라에도 일찌감치 전해졌을 것으
로 추정된다. 주재료인 밀은 바이칼호와 아무르강 유역이 원산지인데
중국에는 당나라 때, 한반도에는 송나라 때에야 고려에 전해졌다. 하

지만 한반도의 기후와 잘 맞지 않아 상용되지 않았음에도 불구하고 송
나라 서긍은 1123년 고려에 사신으로 다녀간 후 쓴 〈고려사〉에서 '10
여 종류의 음식 중 국수 맛이 으뜸'이라고 극찬했다. 우째 이런 일이?
알고 보니 서긍이 맛본 국수는 메밀국수였다. 그러니까 우리나라 국수
의 원조는 바로 메밀국수인 것이다.

우리 식단에서 빼놓을 수 없는 게 간장, 된장, 고추장이다. 1849년
에 편찬된 〈동국세시기〉에도 '침장(沈藏: 김장)과 침장(沈醬: 장 담그기)이 집안
에서 하는 연중 2대 행사'라고 했다. 문헌에 등장하는 자료로서 〈삼
국지 위지동이전〉에는 '고구려에서 장양(藏釀: 발효가공)을 잘한다.'라고 했
고, 〈신당서〉에는 '발해의 명산품은 책성(발해의 수도)의 시(豉: 메주)'라고 했
다. 앞서 말한 발효기술은 한반도의 온돌문화와 연관이 깊다. 따뜻한
곳에서 메주를 띄울 수 있어서다. 콩은 만주 일대가 원산지인데, 콩
이 생산되지 않던 중국 본토에 메주가 유입된 것은 대략 기원전 7세
기 무렵으로 우리나라의 가공수출품 1호였을 가능성이 높다. 3세기
에 씌어진 중국의 〈박물지〉에서 메주는 외국 원산이라고 밝혔기 때
문이다. 이후 한국의 장 문화를 독보적인 위치로 끌어 올린 것은 뭐
니 뭐니 해도 독창적인 고추장의 개발이었다. 〈증보산림경제(1760년 발
간)〉에 최초로 고추장 제조법이 언급되어 있다.

김장을 담그는데 일등공신은 불교라고? 뜬금없는 말 같지만 사실이다. 17세기 초에 한반도로 전래된 고추가 등장하기 오래 전부터 김장의 풍습은 있었다. 삼국시대 이전부터 각종 발효식품이 한반도에 존재해 왔지만 육식을 멀리하는 숭불정책을 편 고려 시대 들어 찬거리의 대명사로 자리 잡았고, 집안의 가장 큰 행사로서 봄부터 가을까지 채소심기, 젓갈담기 등 김장 준비로 부산을 떨었다. 고려 문신인 이규보(1168~1241년)도 그의 시문집 〈동국이상국집〉에서 '무장아찌 여름철에 먹기 좋고, 소금에 절인 순무 겨울 내내 반찬 되네.'라고 노래했다. 당시에는 배추를 비롯하여 오이, 가지, 순무, 파, 아욱, 박 등 다양한 채소를 소금에 절이거나 간장 또는 된장에 절이거나 술지게미, 식초 등을 혼합하여 절인 것이 전부였다. 결구배추(속이 꽉 찬 배추)에 갖은 고추 양념으로 버무린 '붉은 김장'의 시대가 열린 것은 불과 5세기에 불과하지만 우리 음식사의 최대 혁명이자, 세계적인 코리언 푸드의 장을 여는 계기가 되었다. 혁명은 역시 붉은 빛을 띠어야 제격인가보다.

글 도우미 : **김경훈**(1965년생/강릉)
서울대 경영학과를 졸업하고 한국트렌드연구소 소장으로 일하고 있다.

한중일 밥상문화

　한중일 동양3국은 쌀을 주식으로 하는 밥 짓는 문화권이다. 이는 밀을 주식으로 하는 빵 굽는 서양문화권과 대칭을 이룬다. 그런데 자세히 들여다보면 세 나라의 쌀 문화도 서로 이질적인 면이 적지 않음을 알게 된다. 한국은 비빔밥이, 중국은 볶음밥이, 일본에선 스시(초밥)가 발달했지요. 이런 저마다의 음식문화는 각 나라의 고유성과 독창성을 담고 있어서 3국간의 문화적 차이를 비교하는데 유용한 잣대가 된다. 자 그럼 본격적으로 세 나라의 밥상 탐사에 나서볼까.

　우선 밥을 대하는 태도에서 본질적 차이가 난다. 한국에선 밥이 곧 하늘이다. 주식인 밥을 중심으로 부식인 반찬들이 함께 자리한다. 하지만 중국과 일본에선 밥을 요리 중 하나로 여길 뿐이다. 일본은 주로 스시나 마키(김말이), 카레 등의 원료로 사용하고, 중국은 육류, 채소류, 해물류 등 차이(菜) 요리 다음 코스로 나오는 밥 또는 면, 만두 중의 하나일 뿐이다. 나락 한 알에서 우주를 인식하고자 한 밥심의 위력이 우리만 못한 것이다.

　전 세계 인구 중 쌀 문화권 30% 정도가 젓가락을, 빵 문화권 30%가 포크를, 나머지 40%는 지금도 맨 손을 사용하고 있다 한다. 기호학자 롤랑 바르트에 의하면 포크는 맹수가 고기를 뜯어먹는 발톱의 모습에서, 젓가락은 새가 곡식을 쪼아 먹는 부리의 모습에서 만들어졌다고 해석한다. 3국은 공통적으로 젓가락을 사용하지만, 재질과 모양뿐만 아니라 젓가락을 놓는 위치에서도 서로 차이를 나타낸다. 크고 둥근 식탁에 모여앉아 식사를 하는 중국인의 젓가락은 기름진 고기를 집어먹기 좋도록 굵고 길다. 독상으로 개별식사를 하는 일본에선 생선을 발라 먹거나 회를 먹기 용이하도록 끝이 뾰족하고 짧다. 중간 크기로서 유독 쇠젓가락을 사용하는 한국에선 한때 젓가락 장단으로 노래하는 일이 다반사였다. 오늘날 세계적으로 인기를 누리는 난타의 전신이 바로 밥상머리에서 나온 것이다.

　흔히 보기 좋은 떡이 먹기도 좋다 한다. 여기서 음식은 내용(內容)이고 그릇은 형식(型式)이다. 그릇이 미각을 살리는 예는 일본이 극치를 이룬다. 형식미를 강조하는 일본의 그릇은 화려하면서도 분위기에 따라 제각각이다. 반면 평면전개형으로 한꺼번에 차려지는 한국에선 일체감과 안정성을 주는 한 벌의 식기가 주를 이룬다. 실용적 사고를 내세우는 중국은 오히려 깨진 그릇이 높이 평가받는다. 그러다보니 역사와 전통을 자랑하는 식당일수록 금이 가고 깨진 그릇이 많다.

요리라는 말은 음식과 상관없이 '헤아려 일을 처리한다'는 게 본래 뜻이었다. 당나라 소설 〈유선굴〉에 나오는 料理中堂(방을 치워라)을 일본인들이 잘못 해석하여 쓰이게 된 말이다. 이참에 밥상의 정치적 위상을 잠시 헤아려 보겠다. 유교적 왕도정치를 폈던 조선시대 왕들의 수랏상은 생각보다 간소했다. 1식12찬 1일5식을 기본으로 삼았지만 가뭄이나 홍수 같은 천재지변이나 당쟁이 있을 때면 감선(減膳:단식 또는 절식)이나 철선(撤膳:육식거부), 철주(撤酒:술을 삼감)로 근신하는 솔선수범을 보였다. 영조는 탕평책의 일환으로 무려 89 차례나 감선을 실행한 덕분인지 83세까지 산 최장수 왕으로 기록되고 있다.

원래 중국의 지역별 4대 요리는 산둥성, 쓰촨성, 화이양성, 광둥성 음식이었다. 여기에 베이징 요리는 빠져있는데, 전국의 이름난 요리들이 수도로 집결되어 요리의 종합세트를 이루었으니 굳이 지역 요리로 구분할 필요가 없었다. 만한취안시(滿漢全席)는 베이징 요리를 대표하는 궁중요리의 완결판이다. 청의 강희제가 노인 2800명을 초청하여 사흘 동안 베풀어준 연회가 역사기록상 시초. 이는 청대 내내 한족과의 관용과 통합 정신으로 이어져 196가지 호사스런 음식의 향연으로 발전한 것이다. 여기에는 원숭이골, 곰발바닥, 모기눈알, 호랑이고환 등 엽기적인 음식재료들이 총동원되었다 한다.

이에 반해 무사 정권으로 막부 시대를 열었던 일본의 쇼군들은 단출한 소식(小食)으로 엄한 음식규율을 만들었다. 이에야스 가문의 쇼군 이에모치나 임진왜란을 일으켰던 도요토미 히데요시가 비타민A 결핍증으로 사망했다는 주장이 있을 정도이다. 쇼군들은 음식 대신 차(茶)를 통한 다도를 통치수단으로 활용했다. 오늘날 일본의 대표적인 연회음식인 가이세키(會席) 요리는 차를 마시기 전 속쓰림을 방지할 목적으로 기획된 소찬이었다. 애피타이저(주로 매실주)-국물요리-초밥 또는 회-구이-조림-식사 7가지 코스가 기본이지만 코스마다 여백의 미를 살린 절제되고 정갈한 음식이 나올 뿐이다.

비슷한 음식이지만 엄연히 다른 차이를 살펴보는 것도 재미난다. 먼저 비빔밥과 볶음밥. 1849년 편찬된 〈동국세시기〉에 중국식 표현인 골동(骨董)이란 말이 처음 나오고 〈승정원일기〉에는 왕들의 간편식으로 상에 올랐다는 기록이 있다. 한국과 달리 중국은 찬밥을 처리할 때 볶음밥, 즉 차오판을 해 먹었다. 2천년 역사를 자랑하는 볶음밥은 위진남북조 시대 때 계란밥에다 버섯, 해물을 섞어 볶은 양저우차오판의 인기가 대단했다 한다.

김밥과 스시(초밥). 단백질의 보고인 김은 〈삼국유사〉, 〈본초강목〉, 〈도문대작〉의 기록으로 보아 우리 선조들은 조선시대 훨씬 이전부터 식용한 것으로 보인다. 하지만 일본에서 김이 식용음식으로 등장한 것은 〈바다채소〉의 기록상 18세기 중반 에도시대이다. 한국에서 충무김밥이 상업적 김밥의 원조라면, 덥고 습한 일본에선 일종의 보존식품으로 식초와 설탕을 가미한 생선초밥(니기리즈시)이 일찍이 고안되었던 것이다.

그런 반면 짬뽕은 동양 3국의 합작품이다. 짬뽕의 원조는 중국의 차우마미엔(炒碼麵)이다. 매운맛을 좋아하는 한국인의 입맛에 맞도록 고춧가루를 첨가하여 그 맛을 달리했을 뿐이다. 어원은 나가사키 찬폰에서 유래한다. 쇄국정책을 편 에도시대 때 동양 최초의 자유무역항이었던 일본 나가사키에서 중국 푸젠성의 우동을 만들어 처음엔 '시나(支那)우동'이라 불렀는데, 중국인들이 자신들을 비하한다 하여 바꾼 이름이 푸젠성 사투리인 차폰을 일본식 발음 찬폰으로 부르게 되었다는 것이다.

책에는 3국의 대표 음식들에 대한 비교 글들이 즐비하다. 김치, 장류, 두부, 나물 등 음식들의 맛과 향은 달라도 문화적 DNA는 흡사하다. 끊임없는 교류를 통해 융합과 재조정을 거친 흔적들이 여기저기 눈에 띈다. 오랜 기간 형성된 서로 다른 음식문화가 각국의 의식구조와 생활양식에 어떤 영향을 끼쳤는지 헤아리게 되는 유익함이 여러 행간에서 묻어나온다.

글 도우미 : **김경은**(한국)
신문기자 출신으로 경향신문 기획위원으로 재직 중이다.

음식으로 본 서양문화

 우리가 흔히 양식(洋食)이라 부르는 서양음식의 유래는 이탈리아 · 프
랑스 · 독일에서 찾아볼 수 있다. 그 중 이탈리아는 로마문명의 발상지
로 육류와 빵을 대표하는 동물성 · 식물성 재료들을 적절히 결합시킨
음식문화의 토대 위에 반도로서의 지리적 특성과 지중해성 기후의 혜
택을 살리면서 기독교 지배를 통해 성숙시켜 나갔다.

 고대 로마인에게 자연은 문명, 즉 인간에 의해 인위적으로 성립된
질서체계에 반하는 야만의 세계로 간주되었다. 따라서 야생상태의 채
취나 사냥 대신, 곡물 재배와 동물 사육에 능했다. 파다나와 바실리카
타 지역에서는 돼지를 대량으로 사육하여 종교축제와 헌물의식은 물
론 지배층들의 식탁에 자주 올렸다. 당시 재배되었던 대맥과 밀 종류
의 스페루토 보리는 빵을 만들기에는 부적절했지만, 물과 섞어 끓이는
폴렌타(polenta) 죽으로서 주로 평민들의 식탁을 채워주었다. 오늘날 빵

의 기원으로 여겨지는 아르토스(artos)는 화덕에 구운 얇고 평평한 모양으로 접시 역할도 했다. 이처럼 굽고 끓이는 조리법이 일찍부터 발달했던 것이다.

하지만 근대 이탈리아 요리의 기원은 르네상스 시대(14~16세기) 전후로 여겨진다. 나폴리를 무척 사랑했던 베르길리우스(Virgilius)의 기록에 따르면 나폴리에는 모레툼(moretum) 요리가 있었다. 이는 납작하고 둥글게 화덕에 구워진 빵으로서 올리브나 식초에 절인 생양파, 마늘 등과 함께 먹었다고 한다. 11세기가 지나면서 눌린 빵의 형태가 더욱 다양해져 이를 길게 자른 라가노(lagano)라는 파스타(pasta), 즉 오늘날의 스파게티(spaghetti)가 등장하였다. 같은 시기, 화덕에 넣어지기 전에 색색의 다른 음식물들을 첨가한 피체아(picea)도 등장하였는데, 오늘날 피자(pizza)의 전신이다. 1300년경부터는 국수류의 식품이 기계적으로 생산되어 파스타가 여러 지역으로 확산되기 시작했다. 그런데 왜 하필이면 나폴리였을까? 나폴리의 건조한 기후와 소맥 재배가 파스타 생산의 최적 조건을 갖추었기 때문이었다.

붉은색의 토마토소스가 바탕이 되는 오늘날의 피자가 등장한 시기는 아메리카 대륙에서 유럽에 토마토가 건너온 지 150여년이 지난

1700년 무렵으로 추정된다. 당시 가난했던 나폴리 사람들에게 값싼 토마토소스는 피자의 주재료로 손쉽게 뿌리를 내린 가운데, 가장 오래된 전통피자로는 마늘과 생올리브, 모차렐라, 소금과 올리브에 절인 멸치를 얹은 치치니엘리(cicinielli) 피자가 있다. 전문 피자점이 등장한 것은 1830년경의 일로 나폴리의 포르트알바(Port'Alba)가 시초였다.

오늘날 이탈리아인들은 집이나 직장 근처의 바에서 주로 에스프레소라는 독한 커피나 카푸치노 한 잔으로 아침을 대신한다. 아침식사가 부실한 만큼 오전 11시 전후로 다시 한 번 커피와 간단한 빵을 먹기도 하는데 이를 스푼티노(spuntino)라고 한다. 오후 1시부터 시작되는 점심시간에는 대부분 집으로 돌아가 점심식사를 한다. 대개 토마토, 소금, 레몬, 올리브, 후추 등으로 간하여 식사를 끝내면 또 다시 커피를 마시며 1시간 정도의 낮잠과 휴식을 즐긴다. 신성한 노동만큼 삶의 여유를 즐기는 것, 이탈리아인들이 요리보다 소중히 여기는 식관습이다.

흔히 프랑스를 '미식가의 나라'라고 부른다. 하지만 프랑스를 요리의 나라 반열에 올린 것은 17세기 이후의 일이다. 향신료에 집착했던 중세를 벗어나면서 자연스러운 맛을 최대한으로 살리자는 17세기 요리혁명은 빛과 계몽철학의 18세기 이후에도 '요리의 시대'로 만들었다.

가장 두드러진 변화는 식사예절에서 나타났다. 1533년에 프랑스로 시집오면서 요리사와 식탁예절을 함께 가져 온 이탈리아의 엄청난 식도락가 카트린 드 메디치에 의해 '프랑스 식탁의 르네상스'가 시작된 것이다. 각종 새로운 요리와 화려한 식기들, 그 중에서도 포크의 세련미를 접하게 되었다. 당시 태양왕 루이 14세마저 손으로 요리를 집어 먹을 정도로 모든 프랑스인들은 '하나님이 주신 손'에 의존하고 있었다. 하지만 17세기말부터 포크는 점점 대중화되고 형태도 2개에서 3, 4개의 날로 바뀌었다. 일반 가정에 따로 없던 식당의 개념도 18세기에 이르러 서서히 확립되기 시작했다.

루이 14세 사망 이후 엄격한 궁중연회 대신에 안락하고 친밀한 분위기의 야찬(夜餐)이 유행하기 시작하여 17세기말경 파리에 르 프로코프(Le Procope)라는 카페가 처음으로 등장했다. 카페는 1721년에는 300개 이상, 18세기 말에는 2,000개 이상으로 불어나면서 신분을 망라한 사교장으로 인기를 끌었다. 1789년 프랑스 대혁명 이후 귀족들의 망명이나 파산으로 졸지에 실직자가 된 수석요리사들이 하나둘 독자적인 레스토랑을 개업하면서 19세기 프랑스에는 전대미문의 레스토랑 문화가 꽃을 피운다. 레스토랑(restaurant)이란 용어는 원래 고기를 넣고 푹 끓인 '정력회복 수프'라는 뜻이었는데, 블랑제라는 사람이 파리의 풀리 거리

(현재의 루브르 거리)에 식당을 열자, 이를 모방한 가게들이 레스토랑이라는 동일 이름으로 문을 연 것이 유래가 되었다.

19세기말까지 프랑스식 상차림은 요리 가짓수가 엄청나게 많은 식탁을 한꺼번에 차려내는 뷔페 방식이었다. 이는 웅장한 전시효과를 통해 왕과 귀족의 권위를 과시했지만 많은 시종과 하인들이 시중을 들어야 하고 식은 음식을 먹게 되는 불편함도 있었다. 그러다가 1810년 러시아대사 쿠라킨 공에 의해 정해진 순서대로 요리를 내놓는 러시아식 상차림, 즉 코스 요리가 선보이면서 가르강튀아(大食)적인 메뉴가 사라지게 되었다. 이후 단순하고 가벼우면서도 현대생활의 필요성에 부합하는 요리로서, 예술의 극치로 승화되었다는 세칭 '프랑스 요리'가 탄생된 것이다.

독일 역시 원조인 이탈리아 요리법을 베끼고 이웃나라 프랑스의 식사예절을 모방했다. 군주 및 귀족들의 생활터였던 절대주의 시대의 궁중(Hof)은 독일 요리의 산실이었다. 신대륙 발견 이후 16세기에는 아스파라거스 · 멜론 · 감자, 17세기에는 꽃배추 · 가지 · 완두콩, 18세기에는 토마토 · 사탕무 등이 유입되면서 식재료가 다양해졌다. 특히 17세기에 등장한 홍차와 커피는 식탁에서의 과음을 몰아내고 우아한 대화의 장을 만드는 일등 공신 역할을 했다. 더불어 호프에서 자리 잡은 식사예절은 곧바로 부르주아들에게도 모방의 대상이 되었으므로 거듭되는 모방 과정을 통해 요리와 식사예절은 더욱 크게 발전할 수 있었다.

기근을 막기 위해 시행되었던 프리드리히 대왕의 감자 식량화 작업은 그가 이룬 군사 업적보다 더 위대한 업적으로 평가되고 있다. 독일 지성계를 대표하는 소설가 귄터 그라스는 독일사의 변천과정에서 독일은 물론 서유럽이 선진산업 민주사회로 발돋움하게 된 원동력은 바로 감자 덕분이라고 단언한다. 빠른 기간 안에 재배할 수 있었고 영양가도 많았던 감자 덕택에 산업혁명을 무사히 치룰 수 있었다는 판단에서다.

독일은 이탈리아, 프랑스와는 달리 점심식사를 가장 소중히 여긴다. 산업혁명기를 거치며 장시간 노동에 시달렸던 독일인들에게 따뜻한 점심 한 끼는 부르주아이건 프롤레타리아이건 간에 너무도 소중했다. 그들은 지금도 아인토프(eintopf) 요리를 즐기는 전통을 유지하고 있다. 아인토프는 1700년경에 등장한 요리로서 야채 · 콩 · 감자 · 고기를 하나의 냄비에 넣고 끓인 수프를 말한다. 요리하기도 편했을 뿐더러 남은 음식을 쉽게 데울 수 있었고 무엇보다 영양이 뛰어났다. 오늘날에

도 서양요리에서 따뜻한 수프를 빼놓을 수 없는 건 더운 요리를 갈망
하는 그들의 식관습 탓일 것이다.

독일은 1,2차 세계대전 패전국이다. 굶주림을 견디며 기울인 재건
노력은 '라인강의 기적'을 이루었다. 감자, 빵, 소시지를 즐기는 그들의
식생활은 변함이 없지만 지금도 과거를 반성하며 하나의 접시에 소량
씩 담아 남김없이 정갈한 식사를 한다. 접시 하나로 식사 끝내기는 환
경오염을 줄이겠다는 의지이기도 하다. 육식보다 채식을 선호하고 과
대포장을 멀리하는 행동 또한 환경을 먼저 생각하는 그들만의 표현법
이다. 20여년 전 제약회사 시절, 독일에서 오셨던 그뤼너트 박사라는
분을 지방순회교육 때 수행한 적이 있었다. 나흘간 함께 하는 동안 정
말 핥아먹다시피 접시를 깨끗이 비우는 그의 식습관에 감동받은 적이
있다.

서양요리에서 영국 음식은 맛없기로 정평 나 있다. 가짓수도 내륙 3
국에 비하면 형편없다. 이런 혹평에도 불구하고 영국 요리를 언급하는
데는 그만한 이유가 있다. 바로 독특한 차(tea) 문화가 존재하기 때문이
다. 보통 하루 네 번, breakfast-lunch-tea-dinner를 하며 점심과 저녁 사
이 차와 함께 하는 식사를 곁들이는 게 그들의 전통적인 식사법이다.

또한 커피와 토스트로 때우는 대륙식 아침식사(continental breakfast)와 달리 주스 시리얼, 베이컨과 달걀 또는 훈제청어와 토마토, 요구르트와 과일, 커피 또는 홍차 등 다소 거창한 영국식 아침식사(English breakfast)를 즐기는 차이도 있다. 이러다보니 영국에서 아침을, 프랑스에서 점심을, 이탈리아에서 저녁을 먹으라는 유럽여행 팁이 전해진다.

세 번째 식사인 차는 그 시간대에 따라 애프터눈 티(afternoon tea)와 하이 티(high tea)로 나뉜다. 애프터눈 티는 보통 오후 3시 반 내지 4시에 마시는 차로 비스킷 혹은 케이크를 곁들인다. 5시에 먹는 하이 티는 영국의 전형적이고 대표적인 식사로, 조리한 뜨거운 음식이 함께 나온다. 고기음식이 함께 나오다보니 미트 티(meat tea)라고도 부르는데, 대개 8, 9세까지의 어린이들은 하이 티로 하루 식사를 마감하고 잠자리에 들게 한다. 따라서 영국에서는 '하이 티로 하루를 마감하는 어린이'와 좀 더 나이 들고 성숙하여 '저녁정찬(supper)을 먹을 수 있는 어린이'로 구분 짓는다.

차는 1655년 유럽에 최초로 수입되었고 17세기 중반에 네덜란드에서 대유행하였다. 영국에서 차가 성행하게 된 것은 포르투갈 태생으로 차 매니아였던 찰스 2세(1630~1685년)의 왕비 캐서린(Catherine) 덕분이다.

이후 1820년 인도의 아삼(Assam) 지방에서 차가 발견된 이래 영국 중상류층에 널리 퍼졌다. 영국인은 인도산이나 실론 차에는 주로 우유를 타서 마시고, 중국산 차에는 레몬조각을 띄워 마신다. 맛있는 차를 우리기 위해 차 거르개(tea strainer)를 사용하지 편리하다해서 티백을 사용하지도 않는다. 걸프전 당시 탱크부대의 영국 군인들이 전쟁 중에도 전자식 주전자로 차를 끓여 마시는 걸 보고 미군들이 부러워한 나머지 이 주전자를 3만개 수입해 갔다는 가슴 훈훈한 일화도 있다. 영국인들의 차 사랑으로 인해 서양요리의 한몫을 영국 요리가 차지하지 않나 싶다.

우스개로 "이탈리아인은 옷에, 독일인은 집에, 프랑스인은 음식에 평생을 바친다."는 이야기가 있다. 잘 먹는 일은 삶의 질을 되찾는 지름길이기도 하다. 살기 위해 먹었던 르네상스 이전의 식관습이 무엇을, 어떻게, 왜 먹어야하나 고민하는 식문화로 정착되기까지 포크 하나, 접시 한 점에도 숱한 사연이 담겨있었음을 알게 된다. 음식 속에 문화가 있다.

글 도우미 : **세계역사문화연구회**(한국)
한국외대에서 1994년 발족된 본회의 각 전공별 교수들이 각국의 음식문화를 소개하고 있다.

음식잡학사전-서양음식의 원조와 어원

식당가를 찾다보면 '원조식당'이란 간판들이 눈길을 끈다. 그런데 같은 지역에서도 여기저기 원조 타이틀을 단 식당들이 각자 자기가 원조라고 내세우는 통에 진짜 원조를 가려내는 일은 그리 만만한 일이 아니다. 하물며 오랜 역사를 지닌 전통음식들로서는 여러 가지 설들이 분분하여 자칫하면 장님 코끼리 묘사하기로 와전될 수도 있다. 20여 년간 기자생활을 하며 20여 개국에서 맛 본 이색요리와 나라마다의 음식문화를 섭렵한 윤덕노의 도움을 받아 몇몇 대표 서양음식의 원조와 어원을 가려내볼까 한다.

우리가 즐기는 스낵(snack)은 1300년 무렵 네덜란드어 스나켄(snacken)에서 나온 말이다. '잽싸게 한 입 덥석 깨물다'라는 의미를 지닌 이 말이 영어에서 가볍게 먹을 수 있는 간식으로 변형되어 오늘날까지 사용되고 있다. 스낵의 한 가지인 비스킷(biscuit)은 밀가루에 버터, 달걀, 우유 등을 섞어 구운 영국식 과자로 라틴어 bis(=twice)와 coctus(=cooked)의 합성어이며 '두 번 굽는다'라는 의미이다. 이것이 미국으로 넘어오면서는 크래커(cracker)가 된다. 크래커는 '날카로운 소리를 내다'는 뜻의 고대 의성(擬聲) 영어 크래치안(cracian)에서 유래된 것으로 1739년부터 '바삭바삭한 과자'라는 의미로 사용되었다. 스낵을 총칭하는 쿠키(cookie)란 단어 역시 네덜란드어 쿠오레(koekje)에서 유래되었는데, '작은 케이크'라는 뜻이다. 같은 쿠키라도 프랑스로 넘어가면 사브레(sables)가 되는데, 이는 모래알을 씹는 것 같은 감촉 탓에 지어진 '모래 케이크(sand cake)'가 어원이다.

미국인들이 즐기는 감자튀김 요리 중 포테이토칩(potato chip)은 19세기 중반 뉴욕 근처의 사라토가스프링스라는 마을에 있던 Moon's Lake 레스토랑에서 탄생되었다. 식당 주인 조지 크럼은 인디언과 흑인 혼혈의 괴짜 영감탱이로 손님이 음식에 불평을 늘어놓으면 도저히 먹을 수 없는 이상한 음식을 내놓으며 골탕을 먹이곤 했다. 어느 날 어떤 손님이 주문한 감자튀김이 맛이 없다고 불평하자, 포크로 찍기 곤란할 정도로 감자를 얇게 썬 다음 30분간 얼음물에 담가 둔 후 기름에 바싹 튀겼다. 그래도 분이 안 풀려 감자 위에 소금을 잔뜩 뿌려 내놓았는데 이를 먹어본 손님이 화를 내기는커녕 더 달라고 주문하는 게 아닌가. 이곳을 거쳐 간 주방장이 이곳 이름을 따서 사라토가 칩(saratoga chip)이라 불렸고 1920년대 이후 전국적으로 퍼지면서 이름이 포테이토칩으로 굳어졌다.

우리에게 익숙한 샐러드드레싱으로 사우전드 아일랜드 드레싱 (Thousand island dressing), 프렌치 드레싱(French dressing), 이탈리안 드레싱(Italian dressing), 살사소스(Salsa sauce) 등이 있다. 마요네즈 드레싱인 사우전드 아일랜드 드레싱은 미국과 캐나다 접경지역의 1800여개 섬 이름에서 유래되었다. 20세기 초반 당시 이곳에서 낚시 가이드를 했던 조지 라론드 2세가 내놓았던 이색 드레싱을 먹어본 유명 여배우 메이 어윈 부부가 뉴욕 아스토리아 호텔 주방에 전수해 주면서 유명해졌다. 오일과 식초가 분리되는 프렌치 드레싱은 이름과는 달리 프랑스와 아무런 상관이 없다. 1880년대 영국과 영국령 식민지에서 유행했던 것으로 20세기 들어 다이어트에 좋다는 입소문이 퍼지면서 전 세계로 알려지게 되었다. 이탈리안 드레싱도 우리나라의 이태리 타올이 그렇듯 본토인 이탈리아에서는 찾기 힘든 미국식 드레싱이다. 참고로 이탈리아에선 재료를 사전에 섞은 드레싱은 사용하지 않는다. 살사소스는 잉카가 원조인 만큼 멕시코 음식용이다. 명칭을 따져보면 서울역전앞 처럼 동의어 반복이다. 살사는 스페인어로 소스이므로 영어로만 표기하면 '소스

소스'가 되고 소스는 라틴어 살사(salsa), 다시 말해 소금(salt)이란 뜻이니 우리말로 하면 '소금소금', 왕소금이 된다.

햄버거, 감자튀김 등에 약방의 감초 격으로 쓰여지는 토마토케첩(tomato ketchup)은 가장 미국적인 소스이다. 하지만 그 뿌리는 아시아에서 찾을 수 있다. 베트남 요리를 먹을 때 나오는 느억맘(nuoc mam)이라는 생선간장이 원조다. 우리로 치면 액젓이다. 실제 케첩이라는 말의 어원은 중국 푸젠성 사투리인 아모이어의 코에치압(koe chiap) 또는 케치압(ketsiap)에서 유래되었다는 게 일반적인 통설이다. 이 말은 '소금에 절여 만든 조개액젓'인데, 중국 푸젠성, 광동성 및 타이완에서 먹고 있는 생선소스인 '규즙'의 방언이 '코에치압'이기 때문이다. 이런 생선소스를 처음 유럽으로 가져간 사람은 네덜란드와 영국 선원들이었다. 17세기 후반부터 영국에서 발달한 catchup은 버섯과 굴, 호두를 넣은 양송이 케첩이었다. 미국으로 이민 간 영국인들이 버섯 대신 토마토를 넣어 만들기 시작하면서 1900년까지 미국에는 100여개의 군소 토마토케첩 브랜드가 난무했다. 하지만 토마토케첩을 전 세계 식품 반열로 끌어올린 것은 1872년 미국의 대표적인 식품회사 하인즈사가 이를 양산하기 시작하면서부터였다.

토마토케첩을 이야기하면서 어찌 햄버거를 빠트릴 수 있겠나. 독일의 항구도시 함부르크(Hamburg)에서 따온 말이지만 햄버거의 진짜 고향역시 아시아다. 몽골 사람과 터키 계열의 타타르족들이 즐기던 패스트푸드이다. 유목생활의 특성상 이동이 잦아 간편하게 해 먹는 음식이발달한 탓이다. 장거리 여행을 할 때면 양의 생고기를 갈거나 다진 후말안장 밑에 깔고 앉아 길을 떠났다. 이동하는 동안 계속 다져져서 고기는 부드럽고 연해진다. 여기에 소금이나 후추를 쳐서 요기를 했으니이것이 오늘날 다진고기 patty의 원형이다. 이를 유럽에 전파시킨 장본인은 칭기즈칸의 손자 쿠빌라이 칸이다. 러시아를 점령했을 때 러시아 사람들은 다진 날고기에 양파와 계란을 첨가해 먹었고 이를 '타타르 스테이크(Tartars steak)'라고 불렀다. 타타르 스테이크는 14세기 무렵독일로 전파되었는데, 그 중심지가 무역항이었던 함부르크였다. 미국인들이 먹은 최초의 햄버거는 1880년대 텍사스의 정육업자인 데이비스가 빵 사이에 고기를 끼워먹었던 메뉴에서 유래한다. 이를 본 독일계 이민자들이 고향 함부르크에서 맛보았던 타타르 스테이크를 떠올리며 '햄버거'라 부르기 시작했다는 것이다.

햄버거와 쌍벽을 이루는 간편식 샌드위치는 1762년 영국 귀족인 Sandwich 백작에 의해 만들어진 음식이다. 당시 백작은 카드 도박에 빠져 있었다. 도박 도중 하인을 시켜 빵 사이에 로스트비프(roast beef)를 끼워오도록 했다. 손에 기름을 묻히지 않고 먹으면서 도박을 즐길 수 있다 보니 도박장 음식으로 뿌리를 내린 것이다. 일본의 김초밥도 노름꾼들에 의해 만들어져 샌드위치 유래와 흡사하다. 도버해협에 인접한 샌드위치는 켄트 주에 속해있는 소도시로 관광명소로도 유명하며, 런던에는 '샌드위치백작(The Earl of Sandwich)'이라는 식품회사가 11대를 이어 내려오고 있다. 샌드위치 가문의 4대손이었던 존 몬테규는 해군성 장관을 지낸 인물로 제임스 쿡 선장의 항해를 후원했다. 쿡 선장은 존 몬테규의 후원을 기념하여 1775년 남극해에서 발견한 섬 이름을 사우스 샌드위치 군도(South Sandwich archipelago)라 명명하였고, 1778년 발견한 하와이를 샌드위치 아일랜드(Sandwich island)라 이름 지어 이래저래 샌드위치 가문의 명성을 높여주었다.

우리나라에서 기다란 막대기에 소시지를 끼운 후 밀가루를 입혀 튀긴 음식인 핫도그(Hotdog)는 미국에선 콘도그(corn dog)라 부른다. 미국에서의 핫도그는 길쭉한 빵 사이에 소시지, 피클, 양파를 올리고 토마토케첩과 겨자소스를 얹어 먹는 길거리 음식이다. 미국핫도그협회에 의하면, 핫도그는 17세기 독일의 정육업자 요한 게오르그헤너가 처음 개발했다고 밝힌다. 당시 독일 현지에서의 이름은 도시명을 딴 프랑크푸르터(frankfurters) 혹은 프랭크(franks)였다. 핫도그라는 음식이 공식적으로 등장한 것은 1864년 루이지애나 박람회장에서였다. 그런데 하필이면 왜 도그(dog)였을까? 여러 학설 중에 1. 당시 길거리를 배회하던 개들을 잡아 소시지를 만든다는 소문이 팽배하였고, 2. 소시지를 싣고 다니던 마차 이름이 '개들이 끈다'는 뜻의 Dog wagon이었기 때문이라는 설이 유력하다. 미국 전역으로 명칭이 전파된 것은 1906년의 일이다. 태드 도건이라는 시사만화가가 신문카툰에 야구장에서 소시지를 파는 장면을 그려 넣으면서 '핫도그'라는 용어를 사용하면서부터다. 콘도그는 한참 후인 1940년대 텍사스 주에 사는 닐과 칼 플레처 형제가 텍사스 전시회 구경꾼들에게 만들어 팔면서 유명세를 타기 시작했다.

표면은 바삭바삭하고 속은 부드러운 프랑스빵인 바게트(Baguette)의 역사는 그리 오래지 않다. 나폴레옹이 러시아를 침공할 때 배낭을 꾸리거나 바지주머니에 넣기 좋게 개발하였다는 설과 독일과의 전쟁 중 전투식량으로 개발하여 잘 때 베개 대신 베고 자도록 고안했다는 설이 있다. 하지만 오늘날 우리가 먹는 바게트는 19세기 오스트리아 비엔나에서 스팀오븐을 개발하며 구운 빵이라는 설이 가장 유력하다. 빵의 역사는 오랜 기간 계급투쟁의 역사였다. 그리스 로마 시대 때부터 1793년 프랑스 국민의회가 앙시앵 레짐(Ancient regime:구제도)을 해체하며

'빵의 평등권'을 선포하기 전까지 부드러운 흰 빵은 귀족의 몫이었고
농민들은 딱딱한 검은 빵을 먹어야 했다. 1775년, 구두수선공인 필리
페라는 사람이 하얀 바게트를 숨겨두었다는 죄목으로 체포되는 사건
이 발생했다. 신의 뜻에 어긋날 뿐 아니라 윤리와 기강을 해쳤다는 죄
목이었다. 1789년 프랑스혁명 때의 "빵을 달라!"는 구호는 단순한 외침
이 아니라 '먹을 수 있는 빵'을 달라는 시민들의 원성이 담긴 상징적 메
타포로 이해해야 한다. 참고로 기원전 3천년 경 바빌로니아 사람들이
밀을 발효시켜 굽기 시작한 빵의 어원은 포르투갈어 '팡(pao)'에서 유래
한다.

바게트와 함께 프랑스를 대표하는 크루아상(Croissant)은 생김새에서
알 수 있듯이 '초승달'이라는 뜻이다. 초승달은 이슬람 국가들인 터키,
이집트, 말레이시아, 파키스탄 국기에 빠짐없이 등장하는 이슬람의 상
징이다. 마호메트가 알라로부터 계시를 받을 때 초승달이 비쳤기 때문
이다. 프랑스빵으로 알려진 크루아상의 원조는 사실은 프랑스가 아닌
오스트리아이다. 1683년 오스만투르크 제국이 비엔나를 공략하려고
몰래 땅굴을 파기 시작했는데, 피터 벤더라는 제빵사가 밤늦게까지 빵
을 만들다가 이상한 소리가 나는 사실을 군대에 제보하여 적군을 물리
칠 수 있었다. 전쟁승리 후 황제가 피터 벤더를 불러 소원을 들어줄 테

니 원하는 바가 무엇이냐고 물었을 때 "적군을 물리친 것을 기념하여 그들의 깃발에 그려진 초승달 모양의 빵을 만들고 싶다"고 답하였다. 황제는 흔쾌히 허락하고 그에게 독점 생산의 특권을 부여했다 한다. 오늘날 프랑스의 전통 빵으로 알려진 데는 루이 16세의 왕비로 시집왔던 합스부르크가 출신의 마리 앙투아네트가 한몫을 했다. 고향 비엔나에서 먹었던 파이저(pfizer; 크루아상의 당시 독일식 이름)를 맛보기 위해 제과기술자를 프랑스로 데려왔는데, 이들이 만든 파이저가 프랑스 귀족들 사이에서 선풍적인 인기를 끌면서 마가린과 버터, 효모가 첨가된 프랑스의 전통 빵 '크루아상'이 탄생한 것이다.

끝으로 서양식 샤브샤브라 불리는 퐁뒤(Fondue)의 기원을 살펴보자. 알프스 산악지역에서 가축을 돌보던 목동들이 겨울철 추운 날씨로 굳어진 치즈를 모닥불에 녹여 빵을 찍어 먹었던 데서 스위스 전통 '치즈 퐁뒤(Fondue au fromage)'가 생겨났다. 퐁뒤는 '녹이다'란 뜻의 프랑스어 fondre가 어원이다. 스위스 중에서도 프랑스어를 주로 쓰는 지방에서 처음으로 이름이 붙여졌다거나 프랑스를 거쳐 세계적으로 전파되는 과정에 이름 지어졌다는 설이 있다. 미국으로 퐁뒤를 퍼뜨린 이는 프랑스의 식도락가 쟝 사바랭이었다. 그는 프랑스혁명이 일어나자 도피차 2년간 미국에 머물며 프랑스어를 가르치고 바이올린 연주자로 활동하는 틈틈이 직접 버터와 치즈를 곁들인 퐁뒤를 개발했다고 한다. 유럽의 종교개혁 시절 스위스에서도 카톨릭의 구교도와 개신교의 신교도 간에 치열한 종교전쟁이 일어났고 마침내 분쟁이 종식되던 날 서로 간에 화해의 표시로 퐁뒤를 만들어 먹었다. 스위스 사람들은 지금도 화해의 뜻으로 퐁뒤를 나눠 먹는다.

원조를 캐내는 일은 매우 흥미진진하다. 의외의 결과에 맞닥뜨릴 때마다 문명과 문명, 나라와 나라 간의 교류가 세계 음식사에 얼마나 큰 공헌을 끼쳤는지 헤아리게 된다. 한 마리 나비의 날갯짓이 회오리 광풍을 몰고 올 수 있다는 나비효과(Butterfly effect)는 문명교류사에서도 확연히 찾아볼 수 있다. 며칠 전 코엑스 근처에서 식사 차 들렀던 돼지국밥 집에 외국인 여러 명이 둘러앉아 국밥을 먹는 장면은 신선한 충격이었다. 뉴욕이나 런던에서 인기를 끌고 있다는 김치버거와 비빔밥이 세계인들의 입맛을 사로잡아 먼 훗날 그 원조는 한국임을 과시하는 상상에 젖어본다.

글 도우미 : **윤덕노**(한국)
음식이 곧 그 나라의 문화아이콘이라 여기는 해외특파원 출신 작가이다.

식량의 세계사

애덤 스미스는 1776년 발간한 〈국부론〉에서 시장의 힘을 '보이지 않는 손'으로 비유했다. 미국의 저명 저널리스트인 톰 스탠디지는 식량이 역사에 끼친 영향력도 이에 못지않다며 '보이지 않는 포크'로 비유한다. 이 포크는 역사의 몇몇 주요지점에서 인류를 쿡쿡 찔러 그 운명을 바꿔놓았다. 당대에는 잘 느끼지 못했을지도 모를 식량의 역사를 더듬어 보자.

우선 농사는 인간의 위대한 발명품이란 사실이다. 현생 인류가 나타난 것은 대략 15만년 전의 일이지만 오랜 기간 수렵채집 생활을 이어오다가 농사를 짓기 시작한 것은 불과 1만년 전쯤으로 추정된다. 역사적 흔적으론 B.C 8500년경 근동지방에서 밀을, B.C 7500년경 중국 황하지역에서 벼를 재배한 것이 시초이다. B.C 3500년경으로 거슬러 올라가는 옥수수의 예를 들어보면 멕시코 야생 토착종인 테오신트(teosinte)

의 돌연변이로 밝혀졌다. 원래 테오신트는 여러 가지(加持)에 두꺼운 꼬투리로 작은 이삭이 달려있었다. 그런데 인간들이 큰 이삭의 변이 종자만 골라내어 심기를 반복하는 사이에 한 줄기 속대에 굵은 알갱이가 매달리는 오늘날의 옥수수 품종으로 변모된 것이다. 밀과 벼 역시 야생종을 인간들이 먹기 좋도록 길들여놓은 발명품들이다.

한 인류학자는 '농사는 인류 최악의 실수'라 꼬집었다. 수렵채집기에는 1주일에 이틀 정도면 충분했던 것을 1주일 내내 일에 매달려야 하기 때문이다. 그러면 왜 농사를 짓기 시작했을까. 가장 유력한 근거로 B.C 18000~9500년 사이 빙하기가 풀리면서 유목 생활에서 정주(定住)생활로 정착하게 된 점을 꼽는다. 점점 더 줄어드는 사냥감과 점점 더 불어나는 인구도 안정적인 식량 수급을 부채질했을 것이다. 어쨌든 오늘날 우리가 식품으로 섭취하는 동식물 대부분은 아주 오래 전부터 인간들이 간섭하여 만들어낸 선택적 품종 개량의 결과물인 것이다.

농사문화의 정착은 계급사회를 낳았다. 집단이동 집단노동을 해야 했던 수렵채집민이 협업과 공유를 바탕으로 하는 무계급사회였던 데 반해, 정주생활자에겐 강력한 리더십을 가진 거물(Big man)이 필요했을 것이다. 결국 리더십은 잉여 식량의 많고 적음에서 판가름 났다. 초기

사회의 통치수단은 베풀 수 있는 힘, 즉 식량을 많이 가지는 것이 권력의 원천이었기 때문이다.

이 중 향신료(Spice)는 그리스 로마 시대 때부터 오랫동안 특별한 힘을 발휘했다. 그 어원이 라틴어 '스페키에스(Secies; 뭔가 특별한)'에서 유래될 정도로 귀했던 후추, 육계, 육두구, 정향 등 외국산 향신료는 부자들만의 향유물이었다. 멀리 인도, 물루카에서 들어오는 길목을 아랍상인들이 독점한 탓에 터무니없이 비싼 값을 지불하고도 한동안 무슬림상권에 휘둘릴 수밖에 없었다. 대항해시대는 '우회 무슬림'의 산물이다. 베네치아 독점무역라인에 반기를 든 여러 나라들, 그 중에서 가장 서쪽에 위치한 스페인과 포르투갈의 갈망이 먼저 포문을 열었다.

1474년 이탈리아의 천문학자 파올로 토스카넬리는 포르투갈 궁전에 다음과 같은 편지를 썼다. "동쪽에 있다고 믿어온 향신료의 땅(인도)은 사실 서쪽에 더 가까이 있습니다" 마르코 폴로의 보고와 지동설에 근거한 이 소식은 당시 리스본에 와 살던 제노버 출신의 선원 크리스토퍼 콜럼버스에게도 전해져 우여곡절 끝에 1492년 9월 신대륙 탐험대가 첫 출항을 감행하게 된다. 1506년 사망하기까지 네 차례 항해에서 그토록 찾던 향신료를 찾아내진 못했다. 대신 아지(aji)라 불리는 매운

향신료 고추를 유럽에 전파했다.

향신료로 열이 오른 대항해는 서해가 아닌 동남해에서는 빛을 발했다. 바스코 다 가마는 무슬림의 인도양 제해권에 치명타를 가했으며, 마젤란은 남아메리카 최남단 해협을 거쳐 태평양에 첫 발을 들여놓기도 했다. 17세기 포르투갈을 밀어내고 해상강국으로 발돋움한 네덜란드는 희망봉, 말라바르, 자바, 브라질 등 세계 각지에 식물원을 만들기 시작했는데, 풍토병에 대한 치료법과 돈벌이를 위한 새로운 농업상품 개발이 주목적이었다. 이를 위해 일명 '콜럼버스의 교환'이 활발하게 이루어졌다. 즉 신대륙에서 발견한 옥수수와 감자, 고구마, 토마토, 초콜릿 등은 동쪽으로 옮겨졌고, 구세계의 밀과 설탕, 쌀, 바나나 등은 서쪽으로 옮겨졌다. 식물의 대이동, 이는 콜럼버스 후예들이 이룬 식량사의 최대 역작이었다.

콜럼버스의 교환은 세계를 뒤흔들어 놓았다. 유라시아 지역에선 감자와 옥수수가, 아프리카와 인도에선 땅콩이, 카리브해에선 바나나가, 태풍피해로 벼농사에 애를 먹던 일본에선 고구마가, 아프리카에선 메뚜기 피해에 안전한 카사바가 토종 작물보다 더 효자작물로 뿌리를 내리기 시작한 것이다. 한편 설탕을 만들어내는 사탕수수(태평양군도가 원산)가 남아메리카 지역에서 잘 재배되는 것이 확인되면서 아프리카인들의 비극이 시작되었다. 귀족들만 맛보던 설탕이 가격하락과 함께 유럽에서 수요가 급증한 만큼, 설탕생산을 위해 1천만 명 이상의 흑인노예가 카리브해로 팔려나갔다.

그럼에도 콜럼버스의 교환은 인류를 위한 구원투수이기도 했다. 1530년경 감자가 유럽에 처음 소개될 때만 해도 옥수수와는 달리 천대 일색이었다. 못 생긴 악마의 뿌리. 하지만 18세기 들어 연이어 발생한 기근은 프로이센을 필두로 감자재배에 열을 올리게 했다. 7년 전쟁 (1756~1763) 중 프로이센군에 포로가 되었던 프랑스 과학자 파르망티는 감옥에서 배급되던 감자를 맛본 뒤 감자전도사가 되어 마리 앙투와네트 왕비의 머리에 감자꽃을 꽂아주는 퍼포먼스(?)와 함께 다양한 요리 개발로 만인의 식량으로 감자를 자리매김 시켰다.

콜럼버스의 교환은 여러 대륙의 인구증가를 뒷받침하는 거름역할을 톡톡히 했다. 1650년 1억300만 명이던 유럽 인구는 1850년에 이르러 2억 7400만 명으로 2.66배 증가했고, 같은 기간 중국 인구는 1억4000만 명에서 4억 명으로 2.86배 증가했다. 모두 감자와 옥수수, 고구마 같은 새로운 식량 덕분이었다. 이렇게 인구가 늘어나자 영국의 맬서스는 1798년에 펴낸 〈인구론〉을 통해 '기하급수적으로 불어나는 인구와 산술급수적으로 늘어나는 식량 간의 괴리로 재앙이 닥칠 것'을 경고했다. 실제 1845년에 닥친 감자마름병으로 아일랜드에서만 1백만 명이 굶어죽고 1백만 명은 살 길을 찾아 신대륙으로 이주하는 대참사가 벌어지기도 했다.

'맬서스의 덫'. 결과적으로 그의 주장은 오판으로 판명되었다. 인류는 식량도 기하급수적으로 늘리는데 성공한 것이다. 우선 1810년 프랑스 아페르라는 요리사는 〈온갖 종류의 동식물 및 음식물을 수년간 보존하는 기술〉이란 책을 통해 밀봉하여 열을 가한 통조림을 선보여 화제를 불러 일으켰다. 그러나 실질적인 녹색혁명은 질소비료 개발로 꽃을 피웠다. 1904년 카를스루에 공과대학의 프리츠 하버가 고온고압 상태에서 암모니아를 추출하는데 성공했으며, 화학회사인 BASF의 카를 보슈가 고온고압에 대처하는 일련의 변환기를 개발, 1912년 들어서는 하루 생산량 1톤을 넘기는데 성공했던 것이다.

하버-보슈의 공정과 함께 비료로 인해 굵어지는 이삭의 크기와 무게를 감당할 식물 종자가 필요했다. '눕기 현상'이 없이 질소비료와 궁합을 맞춘 난쟁이 품종의 개발은 미국 농학자 노먼 볼로그가 주도

했다. 1944년 멕시코에서 '왕복식 개량품종(한 해에 여름농사와 겨울농사로 번갈아 수확하는 방식의 품종개량)'으로 새로운 밀 품종을 개발한 결과, 19년 사이에 6배의 소출성과를 거두었다. 같은 방식으로 개발된 벼 개량종도 5~10배를 더 산출하는 기적적인 녹색혁명을 일으킨 거다. 아시아의 예만 보더라도 1970~1995년 사이 인구가 60% 늘어났지만 같은 기간 곡물 생산은 두 배 이상 늘어났다. 아뿔싸, 식량증산이 인구증가를 앞질러 버린 것이다.

녹색혁명으로 인한 식량의 자급자족은 산업발전의 안전핀이 된다. 대부분의 선진국이 밟아온 전철처럼 식량확보로 인한 잉여능력이 산업화를 부추기기 때문이다. 오늘날 중국과 인도의 경제발전은 안정된 식량 확보가 밑바탕이 되어 주었다. 그러나 양지가 있으면 음지가 있는 법, 대량소출 방식의 녹색혁명은 무분별한 화학비료와 농약, 과다한 물 사용으로 환경문제를 야기하고 있다. 그렇다고 녹색혁명을 저버릴 수는 없는 이유는, 1950~2000년 사이 세계 곡물량이 3배 느는 사이 경작지는 10% 증가에 그쳤다는 점이다. 노먼 볼로그는 녹색혁명이 없었다면 많은 사람이 굶어죽거나 막대한 규모의 숲을 경작에 사용해야 했을 거라 주장한다.

지금은 제2의 녹색혁명 시대이다. 유전자조작 종자와 환경보존농법
이 그 핵심인데, 보다 효율적인 유전자변이 종자 개발과 피복작물(토양
속 질소를 늘려주는 콩과식물)을 이용한 보존농법은 90억까지 늘어날 미래 인류
의 식량공급에 단초가 될지 모른다.

북극에서 1,100km 떨어진 노르웨이 스피츠베르겐 섬에 스발바르 국
제 종자저장소(Svalbard International Seed Vault)가 있다. 평균 섭씨 -18도를 유지
하는 지하저장고에는 모두 20억 개 이상의 종자가 보존되어 있다. 현
대판 노아의 방주로 비유되는 이곳은 미래 세대를 위한 보험창고이다.
지구가 극단의 위기에 처하더라도 살아남은 후세가 먹고 살 식량을 물
려주려는 바람이 담겨있다. 식량이 없는 세계사는 있을 수 없기 때문
이다.

글 도우미 : Tom Standage(미국)
베스트셀러작가이자 저널리스트로서 〈이코노미스트〉지 편집자로 활동하고 있다.

맺는 말

2015년 을미(乙未)년 새해가 밝았다. 올해는 육십간지 중 32번째로 을(乙)의 색이 청(靑)이므로 '파란 양의 해'이다. 실제 히말라야에는 푸른빛의 털을 지닌 Himalayan Blue Sheep이 존재하지만 질병과 표범의 먹이로 멸종 위기에 놓여있다 한다. 양은 성격이 온순하고 무리를 지어 사는 동물이다. 사회성이 뛰어나 공동체생활에 잘 융화된다. 진취적이고 역동적인 청색의 이미지가 더해져서 올 한 해는 개인과 가정, 나아가 국민 모두가 크게 부흥하고 발전하는 한 해가 되리라 믿어본다.

부흥과 발전의 의미는 금전적이고 경제적인 데만 그치지 않는다. 매해 연초마다 피던 담배를 끊고 안 하던 운동도 하고 마구잡이 먹어대던 식습관도 고치려고 결심한다. 이는 모두 건강을 기원해서다. "건강한 신체에 건강한 정신!"이 깃든 다고 믿기 때문이다. 그런데 대부분 작심 삼일에 그치고 만다. 미국의 한 과학자가 사람들의 결심이 실행되는 과정을 실험 으로 지켜본 결과, 결심을 성공으로 이끈 사람들의 공통점을 발견했다. 바로 '90일 간의 실행력'이었다. 3, 4일 실행으로는 턱도 없고 최소 90일 이상을 꾸준히 해야 습관화되어 비로소 성공에 이른다는 분 석이다. 그러니 여러분도 한 가지 결심을 했다면 최소 3개월간을 죽자 살자 매달 려야 한다. 습관으로 승화되지 않는 결행 은 여지없이 작심삼일로 끝나고 만다는 걸 명심하자.

모든 사람들이 무병장수를 기원한다. 본문 글에서 보듯 잡식동물인 인간으로 서는 음식에 있어서도 매일매일 숱한 선 택지를 갖는다. 1년에 한두 번 치르는 기

말고사나 학력고사의 수준이 아닌 것이다. 그러나 벼락치기는 고사하고 매일 세 끼 음식을 무감각하게 대하다보니 오히려 소홀해지는 것이 다반사다. 본문을 읽으며 평소 알고 있었던 상식적인 건강정보가 잘못된 건 아닌지, 지금의 내 식탁이 온전한 건지 헤아려보는 소중한 시간이 되었기를 빌어본다.

을미년 새해아침에
지은이 신요셉

참 / 고 / 도 / 서

제1부 · 밥이 되는 건강 이야기

- 아파야 산다   (샤론 모알렘 저/김소영 역 | 김영사)
- 암을 넘어 100세까지   (홍영재 저 | 서울문화사)
- Dr.아보의 면역학입문   (아보 도오루 저/최혜선 역 | 아이프렌드)
- 나이가 두렵지 않은 웰빙건강법   (권용욱 저 | 조선일보사)
- 내 몸을 망가뜨리는 건강상식사전   (김상운 저 | 이지북)
- 놀라운 우리 몸의 비밀   (박학에 목숨 거는 사람들 저/황미숙 역 | 시그마북스)
- 조선시대 왕들은 어떻게 병을 고쳤을까   (정지천 저 | 중앙생활사)
- 병 안 걸리고 사는 법   (신야 히로미 저/이근아 역 | 이아소)
- 생명의 신비, 호르몬   (데무라 히로시 저/송진섭 역 | 종문화사)

제2부 · 밥이 되는 식품 이야기

- 생명의 신비, 호르몬　　　　　　　　　　(데무라 히로시 저/송진섭 역 | 종문화사)
- 1일 1식　　　　　　　　　　　　(나구모 요시노리 저/양영철 역 | 위즈덤스타일)
- 클린 CLEAN　　　　　　　　　　(알레한드로 융거 저/조진경 역 | 쌤앤파커스)
- 음료의 불편한 진실　　　　　　　　　　　　　　(황태영 저 | 비타북스)
- 채식의 배신　　　　　　　　　　　　(리어 키스 저/김희정 역 | 부키)
- 내 몸을 망가뜨리는 건강상식사전　　　　　　　　(김상운 저 | 이지북)
- 생각하는 식탁　　　　　　　　　　　　　　(정재훈 저 | 다른세상)
- 우리 가족을 지키는 황금면역력　　(자오페이 천 저/패트릭 홀포드 감수 | 베이직북스)
- 음식문맹자, 음식시민을 만나다　　　　　　　　　　(김종덕 저 | 따비)
- 밥상을 다시 차리자　　　　　　　　　　　　(김수현 저 | 중앙생활사)

제3부 · 밥이 되는 식품관련 이야기

- 술 이야기　　　　　　　　　　　　　　　(이종기 저 | 다할미디어)
- 요리하는 남자가 아름답다　　　　　　　　　　(노유경 저 | 나우미디어)
- 몸에 좋은 야채 기르기　　(아라이 도시오 저/박성진 편역/이태근 감수 | 중앙생활사)
- 알아야 제 맛인 우리 먹거리　　　　　　　　　　　(신완섭 저 | 고다)
- 뜻밖의 음식사　　　　　　　　　　　　　(김경훈 저 | 오늘의책)
- 한중일 밥상문화　　　　　　　　　　　　　(김경은 저 | 이가서)
- 음식으로 본 서양문화　　　　　　　　　　(임영상 등저 | 대한교과서)
- 음식잡학사전　　　　　　　　　　　　　　(윤덕노 저 | 북로드)
- 식량의 세계사　　　　　　(톰 스탠디지 저/박중서 역 | 웅진지식하우스)

사람책이 들려주는

밥이 되는 건강·식품 이야기

2015년 4월 1일 초판 1쇄

지은이_ 신요셉
펴낸이_ 김진수
디자인 _디자인마음(hongsh71@gmail.com)

펴낸곳_ 도서출판 우리두리
등록_ 189-96-00039
주소_ 경기도 의정부시 용현로 111
전화_ 070-7554-4538
팩스_ 031-5171-2492
값_13,000원

ISBN 979-11-955024-0-0